美国经典
时装画技法

从概念到创意设计手绘
（第4版）

[美]史蒂文·斯堤贝尔曼（Steven Stipelman）　著

孙鹏　张小曼　译

U0264934

人民邮电出版社
北京

图书在版编目（CIP）数据

美国经典时装画技法：从概念到创意设计手绘：第4版 /（美）史蒂文·斯堤贝尔曼（Steven Stipelman）著；孙鹏，张小曼译. -- 北京：人民邮电出版社，2022.5
　　ISBN 978-7-115-57931-7

Ⅰ.①美… Ⅱ.①史… ②孙… ③张… Ⅲ.①时装—绘画技法 Ⅳ.①TS941.28

中国版本图书馆CIP数据核字(2021)第278016号

内 容 提 要

　　本书由美国时装技术学院（FIT）的教授和副院长史蒂文· 斯堤贝尔曼（Steven Stipelman）撰写。

　　全书分为四个部分。在第一部分之前的开篇部分，主要介绍了服装设计艺术的概念。如何挖掘个人的天赋，不同线条的特点，以及各种美术用品的使用等内容。这部分将引导学生有条不紊地开始准备，借此开启一段学习之旅。时装人体部分，介绍了时装画人物的绘制概念等。服装画细节部分，介绍了诸如领子、袖口、裙子、裤子和衬衫等细节的绘制。渲染技法部分介绍了条纹与格子花纹、针织及渲染理念等内容。附录部分，介绍了走秀人物、男装、童装等内容。最后本书简要介绍了时装风格等内容。

　　本书适合服装设计专业的学生和从事服装设计的读者阅读、参考。

◆ 著　　　　　　［美］史蒂文·斯堤贝尔曼（Steven Stipelman）
　　译　　　　　　孙　鹏　张小曼
　　责任编辑　　　董雪南
　　责任印制　　　周昇亮
◆ 人民邮电出版社出版发行　　北京市丰台区成寿寺路 11 号
　　邮编　100164　　电子邮件　315@ptpress.com.cn
　　网址　https://www.ptpress.com.cn
　　深圳市泰和精品印刷有限公司印刷
◆ 开本：787×1092　1/16
　　印张：27.75　　　　　　　2022 年 5 月第 1 版
　　字数：710 千字　　　　　2022 年 5 月广东第 1 次印刷
　　著作权合同登记号　图字：01-2017-9206 号

定价：228.00 元

读者服务热线：(010)81055296　印装质量热线：(010)81055316
反盗版热线：(010)81055315
广告经营许可证：京东市监广登字 20170147 号

目录
Contents

前言   5

鸣谢   8

开篇   9

    时装插画师是怎么炼成的   10

    插画线条的品质   11

    绘画工具   12

    其他工具及装备   14

时装插画   15

第一部分
插画时装人体

第 1 章   插画时装人体与比例   19

第 2 章   绘制时装人体   35

第 3 章   平衡线   43

第 4 章   简单勾画时装人体   47

第 5 章   前身中心线   53

第 6 章   臂部、腿部、手部和脚部   63

第 7 章   绘制时装人体的脸部   73

第 8 章   半侧身和侧面的时装人体   97

第 9 章   姿势与"S"曲线   109

第 10 章   塑造体型   117

第 11 章   如何观察和规划时装人体   129

第二部分
时装细节

第 12 章	典型时装轮廓	139
第 13 章	领口	159
第 14 章	领圈	167
第 15 章	衣袖	177
第 16 章	女式衬衫、恤衫和上衣	199
第 17 章	裙子	207
第 18 章	裤子	235
第 19 章	垂褶布、斜裁和垂褶领	249
第 20 章	西装型定制服饰	267
第 21 章	配饰	281
第 22 章	装饰时装人体	299

第三部分
渲染技法

第 23 章	条纹与格子花纹	311
第 24 章	针织	325
第 25 章	渲染理念	337

第四部分
附录

第 26 章	走秀时装人体	395
第 27 章	男装	401
第 28 章	童装	415
第 29 章	宽松时装	427
第 30 章	熟练操控时装人体	439
	时装风格及其他	444

前言
Preface

从我教授第一堂课至今已经有 35 年的时光了，但是当时的情景在我的脑海中恍如昨日，我站在那里，面对着我的学生们，准备将我所知的关于时装插画的一切知识都传授给他们。如果教学只是把知识传授给学生，那么一切就十分简单了，但是我知道，传授知识之路对我而言任重而道远。

回想起自己在高中时代接受的音乐和艺术教育，那让我在人生中第一次有了归属感。我身边的每一个人都是艺术家，他们对于自己的工作充满了激情、力量与创造力。老师激励着我们，将我们推向个人创造力的顶点，并让我们见识了未知的境界，那是我人生当中有关此类学习的初体验。跟以往的数学和科学课完全不同，所有的目标，无论看上去多么复杂，对我而言都不会成为负担，我总在期待自己将其扩充，通过更多的练习让自己达到更高的水平。

在高中毕业之后，我如愿进入了美国时装技术学院（FIT），学习时装设计的手绘专业，我知道这将成为我毕生的职业。奇妙的课堂成为了一切的开始，让我的专业学习成就了我的未来。虽然面临着更多的规矩和比以往更为严格的现实责任，但是老师们通过不止于课堂的帮助激发出了我的最大潜能。当我回首往昔，我不但无法忘记他们传授给我的每一个细节，而且永远记得老师们对我的关心、引导和激励。

几年以后，在 1978 年我成为了 Mortimer C Ritter 校友奖的获得者，在 2000 年我因为教学优异而获得了由 FIT 颁发的财政大臣奖，在 2004 年我被选入了全美教师名人录，这些成绩真的全部得益于那些杰出的教育者们。

对于教授第一节课的所有细节，我至今记忆犹新。虽然我比大多数的学生年轻，但是此刻我站在了教室的中央。从教的第一年对我而言是充满挑战的一年。

作为老师，你带给课堂的不只是知识和课业，同时还有对于灵感与好奇心的激励。必须能够引导学生，让学生建立起对于专业的好奇与学习的热情。总之，教书育人绝不是简单地把学生看作众人中的一员，而是要将每一个人看作独一无二的个体，看到每一个人所特有的观点、才华及学习能力。每一名学生，无论在课上还是课堂之外，都有着各自不同的私人生活，面对着不同的困难，包括不安感或关于如何提高学习成绩的困惑，这些都是我要帮助他们一一解决的问题，因为这就是一名教师的职责所在。我必须放下我个人的品位与感情，才能够让自己在发掘他们的潜能并接受他们的观点时，保持一种开放的态度。在与学生相处的过程中，我始终努力做到建立彼此间的信任与理解，绝不扼杀他们的创造力和观点。

创作的过程分为好几个阶段，在一开始，学生们身上都有自己的原始能量。经年累月，他们的作品才由原石变成磨砺过的美玉。同时，他们的审美品位也随之提高。有时，我会因为原初的生命力与精熟的技巧不能够同时在作品中呈现而略感遗憾，可是老师的使命就是与同学们共同努力，使这两方面同时存在，并以更高的水准平衡在作品当中。这一切总是如此简单吗？答案是"不"，我们的努力总能让我们如愿以偿吗？答案仍是"不"。我努力发掘每一名学生的内在，并且坚信付出总有回报。

对于教和学，时尚都不是一门简单的课程。因为它是一门"活"的，总在不停发展变化的专业。从对于规律、知识的学习入手非常重要，但是只有这些仍然无法保证我们获得事业上的成功。于是，我们还需要让学生通过对概念的理解来充实自己的创造力。当你理解如何去做之前，必须先了解"为什么"，但是想要理解"为什么"，就要对"如何去做"进行大量反复的练习，这也是我希望这本书实现的效果。

这本书的写作又将我早年对于教学的担忧带回我的思绪，现在我正要走出课堂，将我的经验与方法集结成文字，让人们研究我的作品。我知道不同的老师、同学们会对这本书有不同的理解，而且这本书会被那些拥有自我观点与方法论的，实力雄厚的老师们拿来使用。我希望通过这本书为大家提供我在教学实践中得来的方法、技巧和更为广阔的视野，因为我知道，教书育人的道路也是永无止境的。我的书源自多年的教学实践与专业创作背景，同时，不同领域的艺术经历为我的写作奠定了基础，希望我的著作能够帮助同学们提升方方面面的能力。

我的第一份职业绘图工作，是在当时世界上最时髦的商场 Henri Bendel 做绘图员，我为所有的报纸广告绘制艺术作品。在此期间，我沉浸在最华美的设计与最精致的服装之间。略举数例——我那时常常在设计沙龙的储藏间里，在对 Norell、Galanos 和 Ttigere 的设计作品的学习中感受着时尚之美，我简直不敢相信自己真的摸到了 Norell 的套装！在 1964 年，这样一套衣服价格在 850 美元。在我的职业生涯早期阶段，能够有机会沉浸在这样高水准的时尚氛围中，我知道自己是多么幸运。

在离开 Bendel 之后，我仍然作为时装插画师在 Women's Wear Daily 工作了 25 年，专门从事世界顶级时装的绘制工作，主要是在时装生产之前为其绘制手稿。我在纽约为最美的时装收藏品画下速写，也曾出席许多巴黎的时装设计展，再将作品通过网络传输到纽约进行出版。

除此之外，我还为 Babe Paley、Jacqueline Kennedy、Onassis 和 Nancy Reagen 等画像，她们都穿着最时髦的时装。大多数时候的绘画是基于时装的设计师手稿和一些照片，有时也会仅仅基于对服装的一段文字描述，其要义在于——让这些名人看上去符合设计师的审美哲学。

我的自由创作状态使我与国际时装设计师、广告公司，以及化妆品企业始终保持着联系，并使我的作品出现在报纸、杂志和商业出版物上。

时尚的世界虽然充满魅力，但是，在我的职业生涯中，使我感到收获与满足的时刻，还是在全国各地的校园讲堂及教室当中。我在 FIT 教授时尚设计，也曾在 Parson's School 和 Marist 大学任教。教学为我提供了机会，让我相信，我可以将自己的知识与技能转化为对我的学生们有帮助的积极因素，让他们在自己的艺术创作与工作中获得乐观的精神与实际的经验。

有时，接触和帮助那些在理解概念与绘画上有困难的学生，要比接触得"A"的优等生更重要，尤其是看到他们经过一番辛苦劳作，创作出了漂亮的作品，那是多么令人激动啊！我既希望我的学生能够在他们的作品画面里呈现出精准的细节，又希望他们能够保持其本性与初始的兴奋状态，将自己的观点、感受与情感融入作品中，这才是最重要的，这样他们的作品才能拥有区别于众人的神奇魔力，而成为不一般的东西。总之，我希望通过唤醒那种关于时尚的好奇心来激发学生的全部天赋，这也是我在这本书里选择讲解不同的绘画技术时装艺术的原因之一。我始终觉得，提供多种可选择的方法，才不会让学生觉得被灌输或套牢在任何一种单一的风格或技巧当中。为了支持这样的观点，我在绘制本书的插图时尽量让技巧服从于服装的表现。尽管如此，所有的画作仍然明显带有我的"标签"——因为我希望同学们了解到，虽然绘画的技巧如此丰富，但他们仍然可以从中获得属于自己的独特的风格。除了复杂抽象、难度较大的主题之外，我还引入了一些基础性的、浅显的时尚艺术概念，因为我希望这本书可以作为时尚艺术入门学生的教科书，同时亦可以成为对时尚有深入研究的学生有所帮助的参考书。无论是简要的时尚发展史，还是关于袖子与手臂的关系，本书都作了介绍。在整本书里，我绘制了我认为重要的设计师服饰，可以帮助同学们理解某些详细具体的概念。这些时装插图有助于同学们熟悉那些设计师的名字，并了解他们设计的服装在时尚发展历史当中所处的地位。希望可以让大家看到，一件用心设计的服装是可以永远呈现出独特的视觉之美的。我同样相信，没有对于历史的了解是不可能设计出未来的。

正如前文所述，我从不相信艺术的实现只有一种方法或一条路径。正因为如此，我为艺术选材与技巧都预留了更多、更开放的选择。这样，同学们不会感到困惑，许多时候我会为理解与实现一个目标提供不同的选择方案。例如，我在绘制一个人物形象的时候更倾向于随手随性地完成，而不是十分坚定地认为必须遵循人物"十头身"的比例原则。但我发现，这对许多同学甚至老师来说是非常重要的原则，因此，我将其也算作众多技巧之一。我希望同学们理解，学会将从一章里学到的知识应用到另一章里去，会帮助同学们提升自我的技能，相信大家终究会有所收获。

新版序言

本书共分四个部分，在第一部分之前，还有一个"开篇"部分，我在其中讨论了时装艺术的概念。发挥出自己的天分，比如不同品质的用线及艺术的渲染，我希望这部分内容能够引导同学们，帮他们放松学习而不要感到焦虑。

第一部分"插画时装人体"被分成了 11 个章节，其中包括绘制插画时装人体的基础概念，从正面、四分之三侧面到正侧面，有一些主题包含了比例、平衡线、前身中心线、时装人体的脸部、手臂与大腿，以及如何运用缝线和收省显出体型，给出了许多遮挡身体的方法。在详细地观看了初始的章节，并且练习过所有的技巧，掌握了所有的概念之后，我对同学们绘

制出插画时装人体这一点充满信心。

第二部分"时装细节"和第三部分"渲染技法"被分成了 11 个章节，包括绘制设计细节，比如衣领、袖子、布料、裤子和裙子等，一起在人物形象上呈现。有关轮廓的章节，运用了更多变且更流行的绘制技法。除此之外，许多章节包含了各种各样有关风格与服装细节的"绘画词汇表"，对于同学们的认知非常有帮助，虽然有些概念有点模糊，但是这些章节不仅能帮学生画出那些服装，而且可以帮大家了解时尚与服饰细节以及服装背后的发展历史，这里面更是有关于渲染的新技巧和有关格子花纹、条纹与针织及配饰的延展章节。

第四部分"附录"有着五个十分重要的章节。走秀时装人体、男装、童装、宽松时装和熟练操控时装人体，这些都能够为追求更进一步深入学习的同学们提供帮助。

最后，我主要探讨了一下关于风格的概念，我被问到这个问题的次数，远远多于其他任何问题。我十分希望当同学们读到了这本书的结尾，能够对于自我的天赋、目标、自我人格的闪光点，以及对于时装插画的概念，从基础到深层技巧，都拥有清新的见解。

鸣谢
Acknowledgments

我相信，这本书可以作为一门完整课程的教科书来使用，也可以为那些走出校门的同学们留存作为参考书使用，教师们亦可以将其作为个人授课的文本或是对其教授内容的补充。此外，商品销售专业的同学们可以将之用作时尚与时装艺术课程的工具书。

我对于与时装艺术相关的学生与教师们在教学过程中的质量格外关注。对于接触时间少的学生，老师们也能够创造小小的奇迹。一名教师不应该只传授知识，而应该能够帮助他所遇到的每一个学生，让他们拓展对世界的认知并最大限度地发掘他们的天赋与潜力。

我非常幸运，从我记事起就一直得到父母对于我从事艺术创作的培养和鼓励。我感谢他们送我到艺术学校学习，让我掌握了带给我幸福感的知识，并且感谢他们在我整个职业生涯中对我的支持，欣赏我妈妈能做出漂亮的衣裳便是我学习时装知识的动力之一。

在我学习艺术之初，有许多对我特别重要的老师，他们有些现在已经不在了。我要感谢他们所有人，特别是 Julia Winston、Mae Stevens Baranik、Ruth McMurray、Ana Ishikawa 和 Beatrice Dwan。还要特别感谢 Frances Neady 和 Bill Ronin 两位老师，他们让我领悟到耐心、灵感和引导与专业知识具有同样重要的地位。

感谢 Geraldine Stutz 给了我在 Henri Bendel 制图的第一份工作，要为我在 Women's Wear Daily 多年的工作而特别感谢对于我的早期事业起到直接推动作用的艺术总监 Rudy Millendorf，感谢时尚编辑 Tibby Taylor 和 June Weir 对我的指引，感谢所有极具艺术天赋的时尚插画师——我的同事们，感谢他们在 25 年里与我共同度过的时光。

特别感谢 Mount Mary 大学的 Sandi Keiser，Shannon Rodgers 和 Jerry Silverman 学校的 Elizabeth Rhodes 对我的支持。我想要对 FIT 的 Linda Tain 教授在我绘制撰写此书时所做的一切帮助表示衷心的感谢。

感谢 Marilyn Hefferen 为编织一章所制作的精美针织样本，感谢 Chelsey Totten 制作的织物样板。

衷心感谢 Aaron 和 Pablo Hernandez 教会我使用计算机编辑文本，操作计算机对我而言比写出整本书还要令我抓狂！

我要对以下人士做出的建设性的，特别实用和周到的点评表达谢意，他们是 Middle Tennessee University 的 Lauren Rudd；Indiana University 的 Mary Jane Matranga；Tennessee State University 的 Aleta Ballard De Ruiz；Phoenix Chicago 的 Charlynn Brandom，他们的付出让这本书获益良多。

当我在 1993 年成为 International Textile and Apparel 协会的荣誉会员时，Olga Kontzias 和 Fairchild Books 及 Visuals 的 Pamela Kirshen Fishman 建议我开始撰写这本书的第一版，我十分感激他们对我的信任给予我如此珍贵的机会。

我要把特别的感谢和感激送给高级策划编辑 Amanda Breccia，编辑助理 Killey Kudman 和 Bloomsbury 的艺术发展部编辑 Edie Weinberg，感谢他们为这本书的出版给予的支持与指导。

格外感谢 Bloomsbury 的团队对于此书的出版所做的工作，他们是出版编辑 Claire Cooper 和 In-House，设计师 Eleanor Rose。

特别感谢 Marry Capozzi 在精神上与技术上给予的双重支持，没有她我根本无法完成这本书。

最后，我要感谢我的学生们，没有他们的好奇心与提问就绝不会有这本书的问世。万分感谢！

开篇
Getting Started

时装艺术是将拥有自我生命的服装和同样拥有自我生命的人物形象合二为一的艺术。时装艺术家能够通过对服装的形式转化传递出一种情绪，树立一种风格，给予一种态度。时装设计师可以凭空创造出一位穿着时装的女士并使之完美无瑕。

时装艺术是有关一件衣服和一段时光的历史性记录。回溯历史，任何一幅美术作品中的人物，他的穿着都是对他现实生活状况的重要呈现。当我们欣赏 Sargent 或 Gainsborough 的肖像画作，画中男女的衣饰都是画家对他们的社会地位最具表现力的选择。

在当代，我们能够看到今日的艺术大家如何运用最棒的服装打造最最时尚的女郎形象。比如 Eric 和 Bouche 在 20 世纪40 至 50 年代创作的优雅妇人的画作《温莎公爵夫人》，或者穿着 Schiaparelli、Dior 或 Balenciaga 的 Marlene Dietrich，都为我们展示了那个时代的风采。

Kenneth Paul Block 的画作 Babe Paley，Gloria Guiness 和 Jacquelire Kennedy 都让我们感受到 20 世纪 60 年代早期的优雅精致。Antonio 的关于 20 世纪 70 年代、80 年代的图绘为我们展示了勇于打破陈规，树立个人风格的新一代年轻现代女性形象。

时尚艺术也被零售商店用来投射其形象。他们的图像往往在顾客见到商店的商标或店名之前便在顾客的印象中成为商店的代表。在 20 世纪 50 至 60 年代，Dorothy Hood 的淡彩手绘成为了 Lord&Taylor 的标志。而 Esther Larson 的墨水笔画则代表了 Bergdorf Goodman。在 20 世纪 60 到 70 年代间 Kenneth Paul Block 和 J.Hyde Crawford 的炭笔画则代表了 Bonwit Teller 在那时的形象。

当我在 Women's Wear Daily 的时候，巴黎的时装设计往往是由画家们全权包办的，因为那时的摄影师是在时装展示过后一段时间才被允许拍摄。

时装艺术在设计的世界里扮演着重要角色，在时装展开始之前，时装设计师会做一系列称为草图的手绘作品，"草图"（Croquis）是法语，意为小的、粗略的速写，这样的绘画缺乏详尽的细节，但是能够在风格上充分展示时装的比例与轮廓，并且可以作为设计发展的参考与速描的小样。

下一阶段，将焦点集中于装饰及细节上，包含了更多的艺术细节处理。最后的阶段，包含了对时装表现力中感情的传递与态度的表达，是一件艺术品的收尾工作，要将所有的细节元素：配饰、比例和附件全部统一起来——就像是时装登上了 T 台，又或者成为了杂志上的照片。

除了传统的时装插画，时装插画师还有更多其他的角色需要扮演。比如，平面小品就是另外一种形式的时尚艺术作品，这种平面图基于现实比例的平面人物形象而非时装模特的比例绘制，既可以是手绘的，也可以是电脑绘制的。手绘时，常常借助于尺子和曲线板，用线精准且各个部分都是统一的比例关系，许多运动装、男装、童装等的设计，就是绘制成平面图。除此之外，时装规格显示了服装的各种尺寸，比如，中长肩宽和袖子的长度。

今天，随着海外代工的流行，时装插画师的角色变得更为重要。速写终稿、平面图和规格漂洋过海上千公里，让使用不同语言的人们实现合作，艺术作品具有全球性的广泛交流意义。正因为此，精准、比例恰当和细节具体是至关重要的。

要成为一名时装插画师，必须能够透彻理解概念，在绘图的创造过程中保持灵活性，始终拥有接受改变的开放思维，要掌握全部关于解剖学与服装细节的知识，还必须掌握关于时尚的历史及当代的知识。通过不断的练习，假以时日，在大量实践积累的基础上，就会创作出任何想要的时装插画。

时装插画师是怎么炼成的

绘画是三个元素的结合：头脑、双眼和双手。当你面对一张空白的纸，你心里非常清楚自己想要在上面展现什么——一

幅精美的、令人激动的艺术作品。刚开始，你的双手还不具备实现这一切的技术和技巧，而你的头脑也没有足以实现这一理想的知识储备。成长是需要时间的，无论你多么努力的练习，时间的累积都是最重要的。如果你只画出头部就干坐在一边一周的时间，那么，你也许会有些进步，但是，如果你坚持练习一年以上的时间，你的作品画面会变得越来越充实。

当你有了进步，你会见识到更高的水准。在一开始，你可能会满足于画出任何哪怕只有一点儿类似于时尚人物形象的东西！让我们把这视为第一阶段吧，随着日积月累的学习，你会有更高的追求，这才是我们的第二阶段。

令人沮丧的是，在每一个阶段之间，并不存在平顺的过渡，想要一步登天几乎是不可能的。你画了点东西，把它撕碎，扔掉——一次又一次重复这个过程。直到你意识到自己并没有丧失自己的天赋，你只是还没有为抵达下一个阶段做好准备，然而积极的方面是，第一阶段的水准已经不再被自己接受了。

此时，最有价值的事是放松并且多多练习你已经掌握了的内容，头部，一处服饰的细节，或者某一项专门的渲染技巧，这不只会提高你的技能，还会帮助你建立必要的自信，使你获得进步并精练你的技术。

当你终于达到了第二阶段，一段时间后，同样的事情会再次发生，这样的过程会在我们的一生中不断重现，如果不是这样，只能说明我们一直都没有进步。积极的方面是，你开始建立起自己的储蓄所，用以存储已经掌握得很好的技术与技巧，当你遇到某些瓶颈，便可以从中获得参照。

在我作为插画师的多年时间里，我为自己的"储蓄所"做了大量的资源储备，这让我能够应对任何情况。当我遭遇到令我沮丧的瓶颈阶段，便可以借助于许多已掌握的技巧和解决方案，帮助自己顺利地渡过难关。

我总是对自己的艺术作品完全满意吗？当然不是。我知道，无论你花费了多少时间来工作，也不管你多么有天赋，想要在每一次的艺术创作中都获得最完美、最优秀、最具创造性的绘画作品是不可能的。你所能得到的最好的结果，是画出你当时所处阶段的最佳水平。每个人都有自己最擅长的领域，也有各自的软肋，需要通过学习与不断的练习来弥补。哪怕是一些很普通的技巧与概念，也需要经过多年的努力才能够掌握。我们

必须接受这样的事实。

　　一次艺术创作不是对于一张纸的"攻击"，也不应成为一次偶然的意外。诚然，沿着某一条意料之外的路径，也能产生有趣的结果，但是，持之以恒才应该是你追求的终极目标。这种稳定性源于你对概念的理解和对于技巧的持续提升，是观察、分析、决断和解决难题的综合能力，这会帮助我们建立关于最大的可能性的标准，而不会陷入"不可能"的境地。如果你没有一个可用于衡量的标准，没有可比较的过往，那么你的作品能走多远？如果每件事物都可以无条件接受，那么我们就没有进步可言，也没有实验的意义，最终也不会有任何精彩的东西产生。只有经过多年的刻苦与投入，在实践中磨炼你的技巧，发展你的技术，你的作品才会获得更多技巧性与创造性的成长，你的理念设计和绘画技巧才会变得更加精致与成熟。

　　让我们期待这样的发展过程永不停止，永无尽头。

插画线条的品质

　　想想我们的书写，那是最个性化的线条品质的体现。写下你的名字，你不会在意明暗、粗细或者如何握笔。签名会呈现只属于你的唯一的线条品质。那来自于你的内心，并且看上去十分自然，这件事总是这么简单吗？不！

　　回想你自己第一次学习手写字母的时候，当老师把字母写在了黑板上，你拼命地想要跟上他，可是心里却在想自己应该如何握笔，当你努力地让自己的笔迹停留在纸上的格线之间时，你对自己说——我永远，永远，永远也做不到。

　　但是，当经历了大量的练习，终于有一天，你开始写得很轻松。你连有格线的纸都不再需要了，很轻松就可以让字迹保持一致的水准，你开始在意的，更多的是自己写了些什么，而不再是如何写出来。事实上，再过一段时间，你写字的时候用到的就都不再是最初学到的圈圈点点的笔画了。

　　即使每个人都发展出了各自不同、个性化的书写方式，你仍然能够读出别人写了些什么，你的签名成为了你个人自然且唯一的用线方式。

　　过段时间，你会用粗体字来表示对于某些陈述的强调，又或用更温柔的线条来书写优雅的致谢字条，这源于内心，你在

不经意间将所有关于书写的元素合而为一了。

　　同样的道理也适用于绘画，怎样做才能让绘画看起来毫不费力但又让一切尽在掌握之中呢？用线应该源于内心，你应该感到舒服，就像是"你和铅笔或马克笔融为了一体"。

　　在绘画中，线条的质量对于你的表达至关重要，那些粗的、细的、暗的、亮的、硬的、软的，也包括温和的和粗犷的，仅用线条就能够捕捉到服装的精华。用线不同于上色，当为画面引入氛围时，才需要着色。用线明示了我们服装的种类，色彩给了我们更详尽的内容，但是，如果你没有捕捉到线条的品质，世界上就没有哪一种色彩是对的。

　　有些人画的笔触较轻，能够很好地使用极细或细马克笔，更硬的铅笔和柔软的笔刷。另一些人可能会觉得重重的笔触更令自己舒服，于是选择能够用力按压也不会担心坏掉的工具，更喜欢使用粗马克笔、软铅笔和猪鬃笔刷。选择用起来舒适的工具是极其重要的，并不是每样工具都适合每一个人。

　　开始画的时候，试着保持类似写字的方式使用铅笔或马克笔，因为这是你人生中大部分时间用笔的方法，也是对你而言最简单的方法。绘画时，笔应当在手中随着你的手自然地移动。除非你对手中的工具感到得心应手，否则你画不出流畅顺滑的线条。最重要的事情不是你如何握铅笔，而是你运用它所产生的结果。

　　如果有任何一丁点让你感到不满意的地方，或者对自己画出的线条感到不习惯，考虑更换你的绘画工具，或者干脆改变你的使用方法。

提高用线质量

　　把线条想象成你用来诠释服装的工具，在你开始实际动笔之前，先在白纸上思考一下绘制服装必须用到的线条质感。

- 丝绸会用到"缓慢"的线条
- 塔夫绸（平纹丝织品）会适合用较短而具有弹性的线条
- 缎子需要画出顺滑圆满的线条
- 马海毛最好使用模糊的短线条
- 蕾丝如果使用具有流动感与愉悦感的线条将会十分漂亮

- 雪纺比较适合用温和流畅的线条

当你决定好了某种质感的线条比较适合你的绘画之后，可以开始在空中勾勒出相应的姿势或动作，就如同在一张想象出来的纸上绘画。尝试着想象一下，"如果我只能用一条线来表现这件衣服，哪一种选择才会是最完美的？"是快的，慢的，顺畅的，柔软的，朦胧的，还是既硬又脆的？如此反复尝试，直到你的脑海中呈现出无限接近那种最适合表现服装的样子。慢慢地，在小纸片上将脑海中的形象感受记录下来，并且以接近这件衣服的抽象形式随意涂抹，当你在内心中找准了节奏，就可以开始动笔了。刚开始的时候，线条一定会显得刻意，随着练习的时间增加，慢慢地，你的用线会变得越来越自然。

用线应该尽量捕捉住服装设计与制作用料的感觉，我们要把握住服装不同用料的材质差别，并努力用线条呈现出服装每一个部分之间的差异性。扣子或点缀物、塔夫绸褶、毛领、大的舞会礼服、缎子裙或一件奢华的马海毛针织衫，都会给人不同的感受。

当你发现，自己不再将注意力放在线条的质感，而是全神贯注于实际在绘制的内容时，你就离成功不远了。

有一个不好的习惯是用诸多重复的线条拼凑出一条线。别用十笔完成一根线条，试着用更少的笔数来实现。学生们常会画出许多不必要的线条。有一种可以改掉这个习惯的简单的练习方式，先研究某件衣服，无论是照片还是真衣服，试试看，用多久可以一笔画出它。

总之，精简的用线会带来最棒的结果。

请记住，最自然且最具个性的线条才是最好的。

绘画工具

绘画工具的丰富可以使一件艺术作品的表现力得到提升，诠释得更到位。当然，也请记住，画插画只需要一张简单的纸和铅笔就足够了。

- 没有任何材料，能够掩饰一件不好的画作
- 没有任何材料，可以让作品拥有风格

并不是所有人都能够擅长使用所有绘画工具，许多因素决定了我们运用特定工具的效果。许多艺术家善于运用可以按压的笔刷，绘制出偏重的笔触，另外一些人则善于运用精细的钢笔和铅笔，画出精致的笔触，有些人使用水彩更得心应手，其他人则更善于使用马克笔。请记住，最重要的是你的工具用起来舒服。

学校会给你创造许多机会，接触各式各样的工具，体会不同的使用方法，通过练习与实验，你会找到那些最适合你，用着最得心应手的工具。但是，此时用着不顺手的工具，也许会在彼时特别符合你的心意，这样的情况时有发生。

每次走进美术用品店，你都会发现新的、不同种类的工具。下面，我对工具进行了分类，分别讲解不同类型的工具及使用方法。

铅笔

最为常用的绘画工具便是石墨铅笔（石墨铅笔由石墨制成，对学生和艺术家没有危害）。铅笔按软硬程度分为不同的类别，包括主要用于体现技巧或者在着色前绘制草稿的 H 型（硬），以及主要用于素描或上色的 B 型（软）。

具体而言，H 型又分为 H~9H，B 型又分为 B~8B，这为我们提供了不同的软硬度。许多学生觉得可以填装铅芯的自动铅笔也特别好用。此外，我强烈建议大家准备一个电动的卷笔刀，要比一般的小手动卷笔刀好用，它可以保证我们的铅笔时时刻刻都是尖的，并且不伤铅笔尖。

彩铅

彩铅是最好用的工具之一，并且是我个人的最爱。彩铅可以与马克笔、淡彩和水彩完美配合使用，因为彩铅可以削成极细的笔尖，所以十分长于绘制细节，比如衣服的明线、口袋和接缝或者阴影，以及头发和面部的细节。

彩铅的软硬度同样丰富，分类的套装从 12 色到 100 色有很多品种，也可以根据需要单支购买，特殊的颜色也能够单独买到。本书里的画作就有 90% 左右是使用 prismacolor 彩铅的灰与黑色来完成的。

在这一版的渲染中，我使用了粉彩铅笔，画出了柔和的线条，并且可以用纸巾或棉签将其擦开。粉彩铅笔同样既可以单支购买又可以成套购买。白色特别适合用来画出美妙的高光，而深灰和黑色适合用来渲染重色调。

眼影粉

用眼影粉的泡沫橡胶施粉器可以画出天鹅绒般没有明显边缘线的柔和线条。灰色十分适合结合暗部渲染，棕色特别适合用于表现脸部与肤色的暗部，其他色彩在绘制透明的柔和印花时效果极佳。

橡皮擦

我十分信赖橡皮。因为使用橡皮对底稿的绘制和提炼大有帮助，学生们倾向于相信——第一条线必须画得十分完美，迫于这种压力，他们在开始绘图时总是十分拘谨。橡皮可以很容易地实现更好的绘画效果，尤其对于初学者。普遍而言，粉色和白色的橡皮更加好用。自动铅笔一般都带有可以填装式的橡皮，也能够买到专门用于填装的橡皮，可以满足我们的使用。

我发现可塑橡皮特别有用，它可以把初稿上的淡淡的多余线条擦掉，还不会把纸弄坏。而且，可塑橡皮可以在着色之前把第一层导线擦掉，只留下工作所必需的轮廓线作为辅助。可塑橡皮还可以用来提高光和清洁整理画作。

马克笔

马克笔是 20 世纪 60 年代的产物，现在我们已经习惯于马克笔的使用，为我们提供了能够想到的任意粗细和任意色彩的选择。现在已经无法想象哪一幅作品是在不使用马克笔的情况下完成的了。

黑色墨水马克笔和钢笔，从精细到粗体有多种粗细度。在选择时，最重要的是手感的舒适性与操控的简单性。在购买之前，一定要先试用。大多数马克笔是防水的，不过请切记，无论准备用什么水性材料与之合用，一定要在草纸上试过之后再到正稿上使用。

彩色马克笔的种类会多到让人无法抉择的程度。笔尖的粗细种类包括精细、中等、宽、凿子形。有些产品甚至在一支笔上包含所有粗细的笔尖。在你使用的固定品牌纸张上试验颜色，不要只用美术用品店的草纸做实验，因为不同的纸会存在色差。

当然，马克笔也有融合色——是融合了马克笔和彩铅的色彩混搭的透明马克笔，可以实现各种各样的效果。灰色马克笔也是按照冷暖色的次序，从 1 到 9 排列的。1 表示为最浅色，9 则表示为最深色。

请记住，在正式使用任何马克笔之前，先试画一个方盒子，看看色彩是否会渗出线条，这能够帮助你确定马克笔在绘画的过程中与边缘的距离。一定要在你准备用来画正稿的纸上实验。近些年，那些传统的钢笔与笔尖已经渐渐地被各种型号的细线马克笔所取代。

笔刷

最好的笔刷应该要算黑貂毛笔刷了，成本特别高，在初学的时候其实没那么必要。实际上，有多种人工合成的仿貂毛笔刷，用起来效果同样十分理想。细头的 6 号、7 号或 8 号笔刷就比较适合初学者使用。要画出精细的作品，你还可以选择 00 号、0 号或 1 号笔刷，因为那些笔刷没有那么昂贵。除了貂毛与合成貂毛笔刷之外，猪鬃笔刷绘制丙烯和水彩效果也同样十分理想。

当你开始收集自己的笔刷，你可以对不同的型号及形状进行实验性尝试。每次使用过后，要把笔刷中的水尽量甩干，让笔毛形成笔尖，决不要笔头朝下晾干，一定要笔毛朝上或者把笔放倒。

水彩

水彩颜料有块状包装的也有管状包装的，价格差别巨大。不过，学生专用的水彩颜料就十分好用，购买你认为用起来最舒服的就可以。有些学生认为管状的水彩颜料比较容易调和，但是有些便宜的块状颜料同样好用。

调色盘会很贵，所以你可以用玻璃的或塑料的小碟子来代替。水彩是可以放进杯子或任何容器中的。

水粉

与水彩相比，水粉颜料更为不透明，常常是管状的，并且色域特别丰富。

纸

根据需要，纸张的选择就更多了，从特别便宜的种类（我们可以用来记录想法），到特别贵的种类（可以用作特殊的创作终稿），都有着非常多不同的尺寸分类——5×8、8×10、9×12、11×14、14×17或18×24，不同尺寸画不同的内容，各式各样的纸包括：

- 相片复印纸

  我个人认为比较适合做底稿和创意素材的勾勒。这种纸比绘图纸便宜，同时也十分透明，跟昂贵的纸张一样对创造力毫无限制。

- 制图纸

  一种很薄的，薄到很容易看穿的透明纸，也用于保护和修正我们的终稿。

- 马克纸

  专门用来配合马克笔的使用，稍微透明，让你在使用中比较方便透图。有些牌子的纸背面也可以使用。

- 全因素纸

  十分受欢迎的品质白纸，价格相对低廉，铅笔和马克笔画在上面都很舒服。

- Bristol牛皮纸

  十分适用于水彩画，适合粗放风格的作品，纸的肌理特别适用于时装艺术的表现。

- 新闻用纸

  常常是灰白色纸质，一般被用来做速写勾勒，很少用于终稿的绘制。

其他工具及装备

绘画工具还包括蜡笔、油画棒、丙烯、conte色粉炭笔、水彩和蜡质彩铅、亮色染料等，这些工具可以用来实现特别的效果。除了这些工具之外，还有一些其他的工具可供使用和发挥。

样张册

样张册是你值得拥有的参考文件夹，特别实用。每次看报纸杂志的时候，可以把你喜欢的，给你灵感的重要内容剪下来，用统一尺寸的透明塑料或者马尼拉纸将它们分类收藏——面部、领子、身姿、发饰等，并把相应的照片或绘画放入分类中。日积月累，当你需要对特定姿势进行参照，比如一张面孔的正侧面视角，就会手到擒来。请记住，一旦你需要特定的风格（比如一种格子图案，领口或一款鞋），一定不要去当前的时尚杂志里找参考，你的透明塑料册才是你找参照样本的好地方。

时尚杂志——合订本

这种杂志一年里会出几期，通常十分昂贵，但是里面有许多时尚收藏品的T台展示照片。这是快速找到好造型的办法，同时也可以用来发现十分难找的制衣细节。

这些都是时装艺术比较基本的工具和设备。然而，还有更多的，甚至可以填满一整本书的有关工具的内容。并且，工具是不停发展和变化着的，这本书出版后，还会有新的种类产生。所以，规律性地探访美术用品商店，看看新出的产品，是十分必要的。要提醒的是艺术学生们往往过度购买美术用品，通常工具过多反而让人困惑。

最有价值的美术工具是你的头脑、你的眼睛和你的双手。当这三样工具之间互相完美配合，你就有了一个最棒的开始。请记住，好的艺术家可以用任何工具创造奇迹。

时装插画

Illustrating Fashion

美国三福彩铅
和水彩

第一部分

插画时装人体

The Fashion Figure

Lagerfeld/Chanel2004

美国三福彩铅和马克笔

Duchess of
Windsor

Jackie Kennedy
Onassis

Audrey
Hepburn

第 **1** 章

插画时装人体 与比例

对于时装艺术而言，

正确地决定时装人体的比例是最难把握住的概念之一。无论是在时装艺术中还是在日常生活中，人类的身体，自始至终拥有相同的构造——两条腿，两只手臂，躯干和头部。

时装人体是一个人在特定的时间内呈现出的完美外貌与身形。每个人对于时装人体究竟应该"几个头高"都有不同的想法，我们只要相信"普遍性"与"确定性"是对立的就可以，因为，时尚艺术家捕捉的是当下的理想形象。当我们回看老电影、老油画或是旧杂志时会发现，在每个十年内，有关形象的时尚焦点是存在差异的。

只有始终对于改变保持一个完全开放的接受态度，才能把握住这个概念，因为，20 世纪 40 年代的时装佳作到了 21 世纪不再受到关注。服装与配饰及内衣，都对时装人体的比例起到决定性的作用。有些时候，在某个时期被认为"理想的"时装人体，在另一个时期看起来不怎么样。

如果我们以今天的标准来评判 Marilyn Monroe 在 20 世纪 50 年代的照片，会觉得她有一点臃肿且不协调。

除了 Marilyn Monroe，在 20 世纪 50 年代，理想的时装模特是大约五英尺八英寸高，骨瘦如柴的。塑造身型的支撑物（例如腰带、束腰器、带衬垫的胸罩）会进一步改变身型，会让她们看起来更瘦，更适合那个时代的时装，看起来精致而冷漠。

当你研究这个时期的摄影作品时会发现，模特们所采用的姿势都是基于服装对她们的束缚所产生的结果。通常将一条腿放在另一条腿的前面，并将手臂置于髋部，身材呈现出颀长苗条的美感，而姿势往往都是刻意的呈现。

20 世纪 60 年代早期的服装以精致和完美为基础。Audrey Hepburn 和 Jacqueline Kennedy 塑造了一个具有成熟老练气质的年轻人形象，他们外表看起来老练世故，同时却又散发着一

态度反映了时
尚的变化

丝自内而外的青春朝气。

她们的装饰是经过精心设计的，但不太正式，更随意。这与她们的前辈，如 Duchess of Windsor 所确立的非常严肃正式的风格形成了鲜明的对比。

她们给时尚理想带来了新的生命，20 世纪 60 年代中期是最富戏剧性的时尚焦点变化时期之一。Mary Quant 等设计师为我们带来了迷你裙，时尚的态度从未如此自由。

这种短裙赋予了时装模特跨越时装杂志书页的能力。摄影师 Richard Avedon 和插画家 Antonio 为时尚形象注入了新的活力。突然间，女性想要看起来更年轻，Dovima 和 Suzy Park 等 20 世纪 50 年代的模特们所展现的那种难以接近的形象让位于 Twiggy、Jean Shrimpton 和 Penelope Tree，她们年轻并且充满了活力，她们的身型塑造完全不依赖于任何支撑物（例如腰带、束腰器、带衬垫的胸罩），整个人物形象的魅力似乎都由腿来呈现。

时尚的身材减少了曲线感，使外表更像是"女孩"而不是"女人"。化妆也不那么严肃，而是更有趣。自然下垂的头发比以往任何时候都更有层次感。

从20世纪70年代开始，时装模特变得更加自然，化妆看起来不再那么做作了。

20世纪90年代出现了"超模"，Kate Moss、Linda Evangelista、Naomi Campbell和Christy Turlington，"完美"的时尚形象不再是骨感，而是运动、健美和健康——不再是苗条、衣架般的女性，而是拥有更为真实身材的女性。她们既不是世故的，也不是小女孩，而是完全自在的女人。

我们需要对理想的比例保持灵活态度，并需接受其随时可能改变的事实。请记住，在某一个十年中看起来完美的东西，在另一个十年看起来会很奇怪。

即使是"复古"，也不能完全复制从前。灵感可能来自某个特定的时间，但是我们应该赋予它自己的时代感并改变它，使之看起来舒适且"正确"。

身高五英尺七英寸的女性可以拥有完美的身材比例，身高五英尺五英寸或五英尺二英寸的女性也可以如此。

然而，时装人体必须要比一般女性高。

因为，无论是在照片还是艺术作品中，展示服装的时候，模特身上有更多的元素——更多夸张和戏剧性的元素要在T台上展示出来。当模特走在T台上的时候，她处在一个比生活中更大的空间当中，那是一个巨大的、非自然的环境，如果她不够高大，就会消失在那个空间中。

我发现，就目前而言，"十头身"的时装人体是效果最好的。但这是否就意味着"九头"或"十一头"的比例完全不对呢？绝对不是。

试想，一个房间里全是完美的超模，即使所有人都是完美的，每个人也都会拥有其他人所不具备的品质。有些人会有更长的脖子或躯干，或者是更好看的肩膀。

在一幅时装绘画中，我们想要表现出适合服装的最佳身材，因此，为了展示一件有大袖子、大衣领和大量胸衣细节的宽松女衬衫——对模特身材的要求可能会是稍长一些的腰和更长的脖子。

要展示夸张的蝙蝠袖，手臂可能要画得长一点；要展示一件迷你裙，腿要稍画得长一些。不同的服装需要不同的焦点，不同的焦点需要不同的夸张画法。作为插画师，我们总要在完美中选择出最完美的。

让我们来看看第25页的三个时装人体，都穿着同样的裙子，都在腰部系了一条腰带，第一个系了一条窄腰带，系在腰间；第二个则系了更宽的腰带，系在了自然腰上部；第三个系了一条宽腰带，在自然腰的下部。可以看到，在这三种情况下，"腰围"的定义发生了变化，更重要的是，裙子的上下关系也发生了变化。

许多因素都会影响时装人体比例，所以要始终保持开放与灵活的思维。

接下来，我们将要讨论20世纪的时装人体比例。你会发现，每过十年，身体的不同部位都会或多或少地受到关注，比如细腰或无腰，侧重点放在胸部、臀部或肩膀，又或者身体曲线的变化。

由于每年都会出现新的服装款式，所以尺码是根据当年的理想身材来确定的。

如果把过去十年里的八号尺码裙子排列起来，你会发现，相同尺码的时装人体变化是惊人的。

显然，以下标准决定了特定时间的理想形象：

- 当时的模特或名人；
- 对身体特定部位的关注和对姿势的关注；
- 衣服与任何内衣、肩垫或其他附件是否相配，或是不相配。

时装模特的身材必须比普通人高挑

回想一下，20世纪30年代的Jean Harlow，40年代的Katharine Hepburn，50年代的Grace Kelly和Marilyn Monroe，60年代的Audrey Hepburn，70年代的Lauren Hutton，80年代的Madonna，90年代的Princess Diana，以及21世纪的Nicole Kidman和Halle Berry，每个人都是她们那个年代的完美典范，她们的着装与她们的外貌非常相衬，很难想象她们中任何一个人和其他人相互交换了时代。

以下是20世纪时装轮廓改变人体比例的总体概览。在世纪之交，身体几乎是被完全覆盖的，紧身胸衣使身材显得腰身纤细，裙子成型于身体上方，下垂至地面，通常有衬垫和裙摆。帽子相当精致，对装饰头部起到重要作用。人物姿态呈现"S"曲线。这一时期的主要设计师是Charles Frederick Worth（"时装之父"），Paul Poiret，Paquin Doucet和Fortuny。

20世纪20年代为时装轮廓带来20世纪最重大的变化之一。20世纪中，女性第一次露出了她们的腿，她们脱掉了特制的，给她们带来非常不自然轮廓的紧身衣，开始穿着有弹性的针织内衣，让她们的身体显得扁平，看上去像个男孩儿。

这种笔直的轮廓在当时是最流行的，在这段时间里，腰围下降到臀部。Chanel的"小黑裙"——羊毛针织衫或丝绸绉纱是潮流。这十年，其他重要的设计师有Vionnet、Larvin和Patou。

20世纪30年代为我们带来了像Greta Garbo、Marlene Dietrich、Joan

不同服装需要不同的焦点

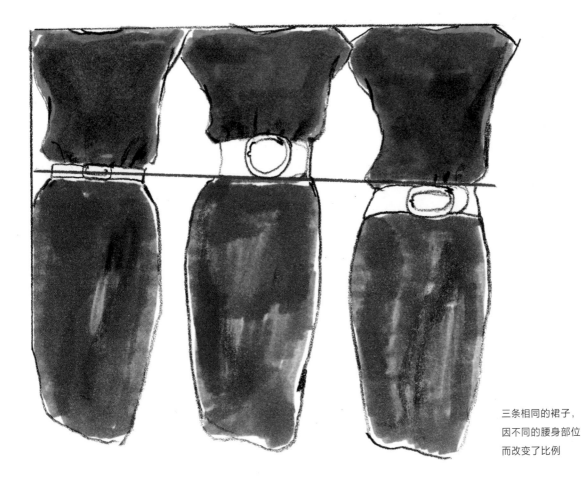

三条相同的裙子，
因不同的腰身部位
而改变了比例

Crawford 和 Ginger Rogers 这样富有魅力的电影明星，经济大萧条使女性渴望拥有她们生活中从未有过的魅力。Madeleine Vionnet 的斜裁礼服给女性带来了非常女性化的轮廓。大衣上点缀着皮毛，慵懒的睡衣裤开始流行。

套装也开始被时髦地剪裁，十年之初裙摆变长，十年之末裙摆变短。当时的造型既迷人又别致，拉链也在此时出现。Schiaparelli、Molyneux、Gres、Mainbocher、Balenciaga 和 Lelong 都是这十年里的著名设计师。

战争给时装界带来了巨大变化。德国占领法国时，大部分的高级定制时装的发展都处于停滞状态。战争时期，对于布料的限制使服装呈现出短小精练的轮廓。Adrian 给电影明星设计的斜肩轮廓服装，明显受到战争影响，帽子成为服装中真正具有创造性的部分之一。

松糕鞋给腿部带来新的关注度。1947 年 Christian Dior 的新造型回归了被战争夺去的巴黎高级定制时装样貌，修身紧身衣，收腰，臀部衬垫，码数几乎长到脚踝的裙子，加上精致的衬裙，让时尚的轮廓几乎回到了世纪之交的样子。这十年的其他法国设计师还有 Jacques Fath、Maggy Rouff 和 Pierre Balmain。20 世纪 40 年代也为美国时尚业打下了坚实的基础。Pauline Trigere、Norman Norell、Hattie Carnegie 和 Charles James 等设计师把美国推上了时尚地图。

Doucet 1909

Chanel 1926

Vionnet 1930

Fath 1940
年早期

Dior 1947

Charles James
1955

Balenciaga
1955

Givenchy 1962

Rudi Gernreich
1963

Yves Saint Laurent
1978

Claude Montana
1985

Armani 1991

Ann
Demeulemeester
2000

Celine 2016

20 世纪 50 年代早期的服装轮廓呈现了合身的束腰衬衫、更宽松的上衣和紧身连衣裙。

1957 年，时尚界又迎来了一次革命——Baleciaga 推出了衬衫裙或麻袋裙。这种裙子垂得很直，没有腰线，下摆缩短到膝盖。衬衫裙也被 Givenchy 诠释，Yves Saint Laurent 则称其为"trapeze"。这种裙子宽松不贴身，轮廓呈几何形，显不出身材。20 世纪 50 年代，其他著名的设计师是美国人 Charles James、Claire McCardell、Ann Klein、Bonnie Cashin 和 Vera Maxwell，他们把运动装带入了自己的时代。

20 世纪 60 年代早期的服装轮廓是 20 世纪 50 年代后期的延续——轻盈

地贴合身体，逐渐变短。巴黎的 Pierre Cardin，意大利的 Valentino 和美国的 James Galanos 等设计师都开始崭露头角。

直到 60 年代中期，另一场革命——超短裙，才撼动了时尚界。超短裙由伦敦的 Mary Quant、巴黎的 Andre Courreges 和美国的 Rudi Gernreich 推出，双腿成了此时的焦点，连裤袜和靴子都是新的突破。裙子比以往任何时候都要短，内衣少得不能再少，头发不是被 Vidal Sassoon 剪成齐刘海就是戴上人造假发。Rudi Gernreich 成为设计了第一件裸胸泳装的美国先锋设计师。

各种少数族裔的模特开始出现在 T 台和杂志上，她们都很年轻，着装规范

被打破，裤子开始被接受。此时，具有影响力的设计师们常常决定了可被接受的时尚外观，设计师们开始从街头、迪斯科舞厅、电影和音乐中获取灵感。年轻人在穿着上有自己的风格，把新衣服与旧货商店中的旧衣服结合在一起，形成各自的着装规范。潮流源于街头而不是来自于高级时装店。

20 世纪 70 年代，我们有了更多服装轮廓的选择——超短裙、中长裙或长裙三种款式，外加裤子。1976 年 Yves Saint Laurent 设计了他的吉普赛幻想系列款长裙，成为延续多年的流行款式。层层叠叠的柔软织物，与 20 世纪 60 年代千篇一律的风格截然相反。Geoffrey Beene、Bill Blass、Oscar de la Renta 和

20世纪的若干时装比例

Halston 是 20 世纪 70 年代的另外几位杰出设计师。

20 世纪 80 年代呈现了一种"权威着装"的服装轮廓——衬肩、大袖子和短裙，服装华丽而奢侈。然而，伦敦的朋克造型与 Nancy Reagan 的华丽造型形成了鲜明对比，朋克风的特点是紫色的头发和安全别针、皮衣和链子。突然之间，摇滚明星们开始引领这一时尚，而 Zandra Rhodes 在伦敦诠释这一时尚的方式也恰到好处。

Gaultier、Claude Montane、Kenzo 和 Karl Lagerfeld 带来了源于巴黎的时尚，Issey Miyake 和 Commes des Garcons 带来了日本的时尚风格，Ralph Lauren、Donna Karan、Calvin Klein、Perry Ellis

和 Norma Kamali 则带来了美国的时尚风格。

20 世纪 80 年代，时装界最重要的贡献之一来自于米兰——Giorgio Armani 轻松柔和的男装剪裁把我们带入了 90 年代。

20 世纪 90 年代，同时出现了许多不同的服装轮廓——短与长，不透明与透明。女人们将军靴与乔其纱裙子结合在了一起。

规则再一次被打破。Madonna 穿着内衣出现在大街上——她的紧身胸衣由 Gaultier 设计，从最初的惊世骇俗到逐步被世人接受。

在 21 世纪，完美身体主宰一切。无论是花费时间在私人教练的指导下塑

形，还是做整容手术，人类身体接近完美无瑕。

电影明星和摇滚歌手穿着 Versace 或 Galliano 的斜裁紧身晚礼服，比之前的服装都更暴露，胸脯和肚脐从低腰裤或裙子里暴露出来。

下一次的时装革命将从何处而来？

它将会来自于你们的世界。

当你把 20 世纪所有服装轮廓排列在一起时会发现，在不到 100 年的时间里，轮廓变化得如此之快，似乎身体在不断地自我改造，还会发现时装是身材与服装的关系。不仅仅是身体，也不单是衣服，而是二者的结合，它们是密不可分的。

让我们再进一步。

在这里，我们把相同的形象分成两半，左边代表 20 世纪 60 年代，右边代表 70 年代。

很明显，在不同的时间段里，身体的某些部位比其他部位更容易受到关注。在画这幅图时，记住这一点很重要——即使它没有显示出来——在衣服里面，总是有着一个身体的。无论你是否能够看到它，身体都决定了衣服如何呈现，面料和适合度也是决定因素。

20世纪60年代

- 披散的头发使头部显得更大
- 裙子的细节更多地集中在上部，因为裙子整体比较短
- 腰线看起来要比通常的腰线高
- 裙子是那个年代见过的最短的，腿成为身体最重要的部分
- 裙子很有结构感——面料很硬

20世纪70年代

- 发带使头部显得更小
- 裙子的长度能够覆盖更多身体部位
- 腰线看起来比通常的腰线要低
- 裙子垂到脚踝，完全覆盖住腿部
- 更流畅的面料可以打造更柔和的轮廓

有时身体会成为主导，有时衣服会
接管一切，有时会更平衡。当身体成为
主导时，就像穿着一件紧身长袍，直到
穿在身上，这件衣服才会有生命。
当衣服成为主导时，就仿佛穿
着一件庞大的皮毛大衣，身体
只充当服装的衣架。但是更多
的时候，二者是相互结合的。

Charles Kleibacker 1969

Charles Kleibacker
1984

美国三福彩铅和
马克笔

第 2 章

绘制时装人体

正如在开篇部分，关于用线质量的"入门"中所说的，学习绘画非常类似学习书写，一开始，在有横格的纸上练习，用标线来把握方向，并严格遵守书写的规则。字母很快变成了单词，单词变成了句子，句子变成了思想。当你对这个过程非常有信心之后，就能够专注于书写的内容，而不是书写的方式了。

学习绘画时装人体也是一个类似的过程，这是一个可以让你的想法跃然纸上，并可以展示设计成品的方式。请记住，身体并不是一个精确的测量标准，正如我们在上一章中学到的，从一个时期到另一个时期，有许多因素不断改变着时装人体。

我们将要学习的图形通常被称为"克罗基图形"。Croquis是一种工作草图，也是服装设计的基础体型，是可以平面呈现的。它应该算作更精美完整的艺术品的起点。

接下来的章节将更专注于平衡线、前身中心线、手部和脸部等细节。在本章中，我们将会学习分解绘制时装人体。这是一个用"有辅助线的纸"绘制和分析的阶段，在彻底理解这些原则后，你将逐渐找到属于你自己的分解与姿态化描绘时尚形象的方法。最终的目标是理解时装人体分解绘制的概念。时间与练习会为你带来收获。

请记住，每个人都有自己的成长速度，没有人会遵循机器人式的发展次序。时装设计图总有一个部分会比另一个部分更容易绘制，对一些人而言，脸部很容易绘制，对另一些人来说绘制躯干很简单，然而其他人会觉得渲染很容易。

时装人体

开始时，你必须熟知有些关于比例的规则，时装人体是用"头"来计量的，每个头代表一英寸。这些"头"将用来表示和设置时装人体的不同部位。经过一些练习之后，当所有的"头"都变成了形象，你将会画时装人体了！

基本的克罗基形象分解

我们先来研究一下,十个头的时装人体细分步骤。首先,在纸上画一条线,把它分成十个一英寸高的区间,标记每一条线,顶部为零,底部为十。

第一步,确定各部位位置,下巴位于线条 1 上。

- 1½" 是肩线
- 2¼" 是胸腺的顶点(或最高点)
- 3¼" 是腰围线
- 4" 是臀部最丰满的部分
- 4½" 是臀部和胯部最低的部分(这个尺寸大约在时装人体的中间部位)
- 6½" 是膝盖
- 9¼" 是脚踝
- 10" 是脚趾头

第二步,测量人体宽度,将头部平放,测量宽度,作为时装人体各部分宽度的参照。

- 肩膀大约 1½ 到 1¾ 个头宽。任何特定的时装风格都可能会改变这一点
- 腰围大约 ¾ 头宽
- 臀部大约在 1¼ 头宽

0

1

2

3

4

5

6

7

8

9

10

现在,你已经了解了各部分及其所代表的内容,我们可以开始分解勾画时装人体了:

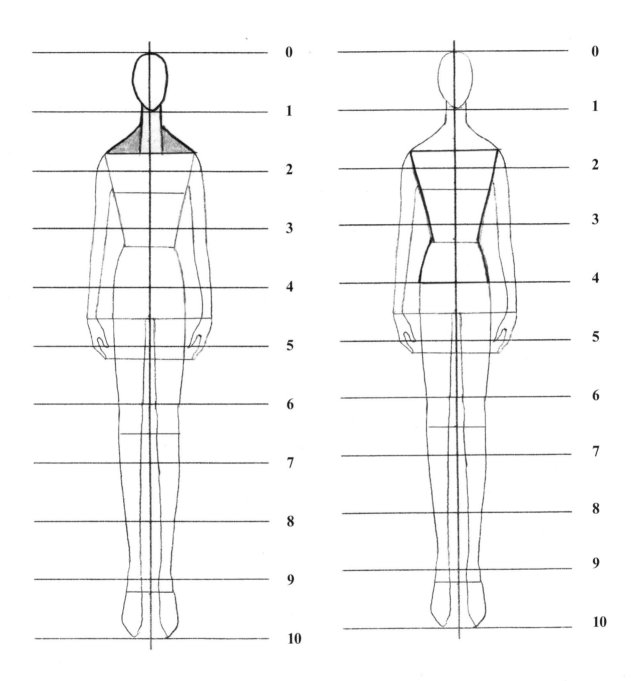

1 在第一个区间画一个椭圆,脖子连接肩膀,然后,标出斜方肌的位置。为了做到这一点,大约从脖子开始往下¼"直到肩部末端(1½"),绘制一个浅三角形。

2 绘制躯干,从肩部末端向下到腰线(3¼")画一条线。为了突出臀部,从腰线到臀部最丰满的部分(4")画一条线。

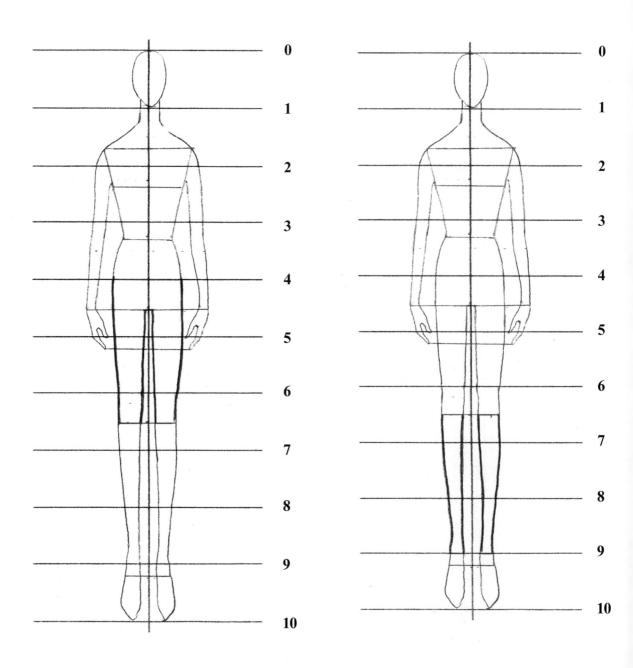

0	0
1	1
2	2
3	3
4	4
5	5
6	6
7	7
8	8
9	9
10	10

3 绘制大腿，从臀部（4"）到膝盖（6½"）两端分别画一条稍微收细的线。

4 绘制小腿（膝盖到脚踝上方），从膝盖（6½"）到脚踝（9"）上方，两端各画一条略微收细的线。

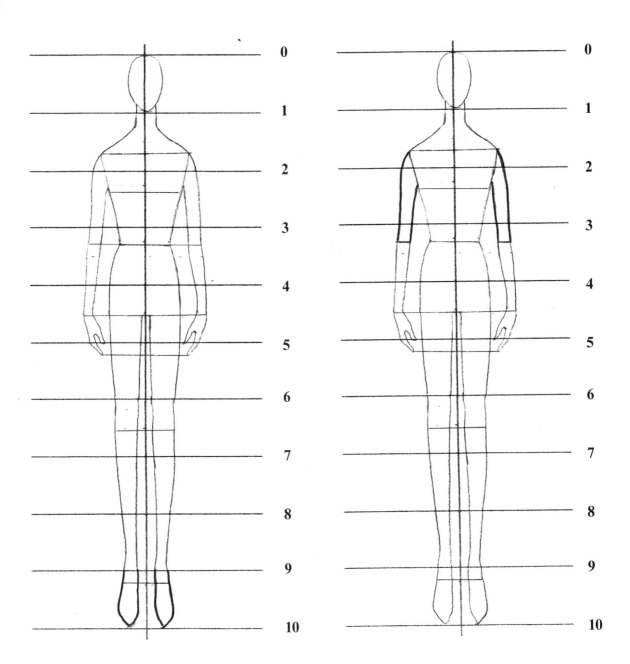

5 从脚踝（9"）上方到第10条线画一个"U"形来表示脚。

6 绘制上臂，在肩膀处（1½"）画两条曲线，在肘部（3¼"）略微收紧。

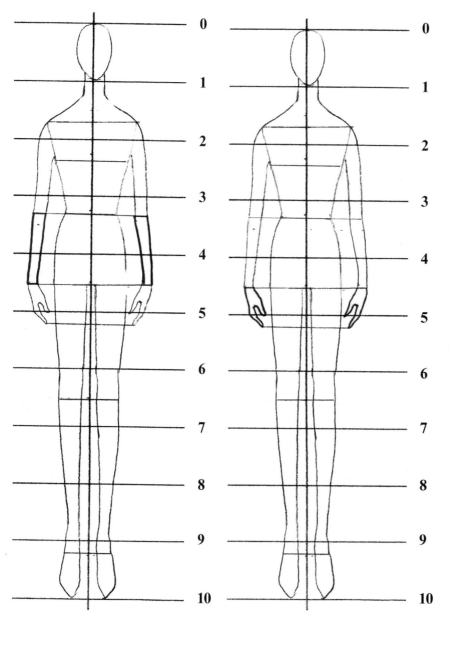

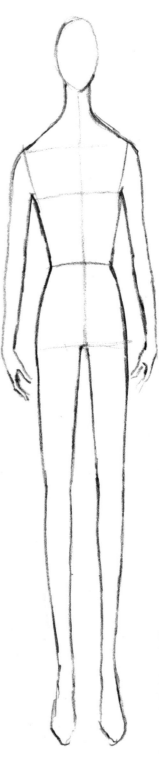

7 从肘部（3¼"）到手腕（4¾"）自上至下画两条略收细的线条来表示小臂。

8 在手腕（4¾"）到大腿顶部（5½"）的区间绘制双手。

9 完整的时装人体。

款式线

重新描画完成的时装人体，从而加入款式线。

时装草图中的款式线将与服装的款式线相呼应。它们在服装的绘画和设计中都非常重要。采取以下步骤复制时装的款式线：

1 从颈窝到胯部画一条直线。

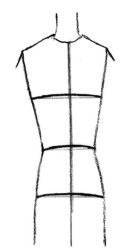

2 画一些略弯曲的线来表示胸部、腰部和臀部。

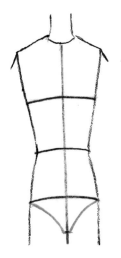

3 画上内裤的线。

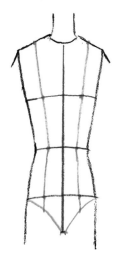

4 在肩膀、胸、腰和臀部的等分点分别点上点，并把这些点纵向连接来呈现公主线。

现在，你有了一个完整的时装人体草图，它代表了经典的时装人体比例。请记住，这些比例会随着时尚的变化而略有变化，这基于那个时代的理想外观。

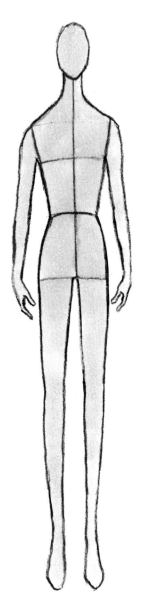

20 世纪 50 年代绘制的图样中，由于女性对束腰的追求，腰围更小。

20 世纪 60 年代末绘制的理想身材更强调腿部，因为迷你裙使腿部成为了"新"的焦点。20 世纪 80 年代，由于夸张垫肩造型，肩部显得更加突出。20 世纪 50 年代的时装人体对于今天的标准来说太矮了，就像今天的时装人体对于 20 世纪 60 年代末来说太高了一样。

衣服会改变身体的比例，而时装插画应该反映出这些变化。每隔几季，时装就会强调身体的某些部位而弱化其他部位，对这些微妙的变化保持开放的心态。

马克笔和彩铅

第 **3** 章

平衡线

绘制一个站立的时装人体， 必须理解平衡线。"平衡线"是一条假想的直线，从颈窝处直到地面，它从不会弯曲，也不会向某一边倾斜——它总是绝对笔直的。

作为练习，分析时尚杂志和时装目录中照片上的平衡线，收集姿势简单的清晰的模特照片，用马克笔标出平衡线，用另外一种颜色的线标出臀部边廓线及支撑腿，这样你就实现了这个完整的过程，可以随心所欲地画出任何形象了。

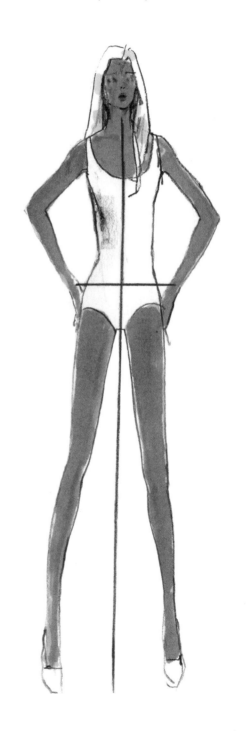

支撑腿一边高起的臀部

无论双腿分开还是合拢，当时装人体正常站立时，臀线是平直的，平衡线落在两腿之间。当时装人体将身体重心偏向一边时，高起的那边臀部为腿提供支撑来保持身体平衡。

这条支撑腿从高起的臀部开始，并向下倾斜以接触平衡线。支撑腿总是有角度的——它从来不是直的。同时，脚的某些部

分应该接触到平衡线。支撑腿一侧的腰线是收紧的，非支撑腿一侧则是伸展的。

为了让自己透彻理解上述内容，请站起来，把身体重心偏向一边，这一侧的腿就是你的支撑腿。

当你把身体重心放在一侧，会发现这一侧的腿是有角度的。

然而，你可以随意移动另一条腿，并且身体的平衡不会受到影响。非支撑腿是可以移动的，与身体的平衡无关，但它给予身姿一种态度。

在一些照片中，你会注意到，平衡线会有点偏离常规的位置。请记住，当一个模特在相机前摆姿势的时候，她往往处于运动之中，可能并没有在拍照时稳定自己的身体。此外，在一些走路姿势中，特别是在 T 台上面，支撑腿可能处于臀部较低的一侧，然而这些都是例外。请记住，每个人的姿势都可能在特殊的情况下有独特的规则。

美国三福彩铅、
蜡笔彩铅

第 **4** 章

简单勾画时装人体

学习如何画出一个时装人体，

要从遵循已经建立的规则开始，这些是学习过程中的指导原则。事实会给予你知识和准确性，然而，规则与事实是不同的，虽然规则在一开始是有用的，但是后来它们可能是无效的。如果太多规则束缚了你的绘画，那么你的反应、观点和创造力就会被抑制，这会导致你创作出死板的作品。此时，十个头的衡量标准为你提供了帮助，但总有一天，我们可以随心所欲地绘制。

当你烤第一个蛋糕的时候，会非常小心，确保每种配料和各部分的尺寸都和食谱上的要求完全一致。当你熟悉了整个的制作过程，便开始根据自己的口味来制作蛋糕，过了一段时间，你做的蛋糕就比原来按照食谱制作出来的更适合自己的口味了。

一件美丽的艺术品也必须拥有自己的品质。它应该看起来毫不费力——不管工作量有多大。它应该是快乐的，而不是紧张的。最初，不按规则去画是很可怕的，尤其是当你已经遵循它们很长一段时间。为了使之更加容易，可以试着逐步放宽规则。

分解绘画时装人体是一种非常自然的绘画方法，但是这种方法对于初学者，也总会存在比例误差的问题。

我总结出了一种几乎不会出错的方法，来帮助解决这个问题，而且这种方法十分有效。

不管一个人的身高有多高，臀部基本上都在身体的中间，因为一个时装人体需要额外的高度，所以我们将在时装人体的下部增加一个头的高度，这将会呈现比例非常完美的时尚身材。

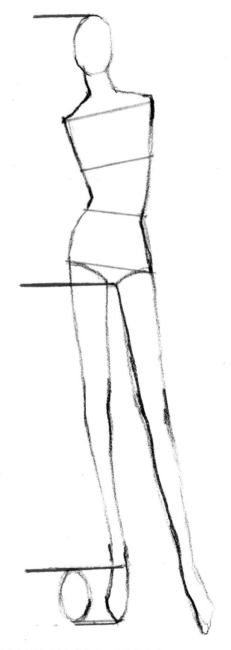

在时装人体的下半部分加上一个头的高度

简单勾画时装人体

现在我们已经熟悉了时装人体草图的比例，我们会想要让时装人体充满动感。

经典的时装人体在肩膀与臀部之间会有一个相反的运动——当肩膀向一个方向运动时，臀部就向相反的方向运动。这将形成一个"S"形曲线，为我们呈现一个灵活和流动的运动感。

当我们研究时装人体的比例时会发现，下半身比上半身长。假如我们拍一张正面人物的照片，并将其以臀部和内裤线为准，水平对折，会发现脚位于头部上方。

从逻辑上我们可以得出结论，这个形象不是上下等分，而是下半身比上半身多出一个"头"的高度。如果我们在下半身增加一个"头"的高度，那么时装人体的比例就是适当的。

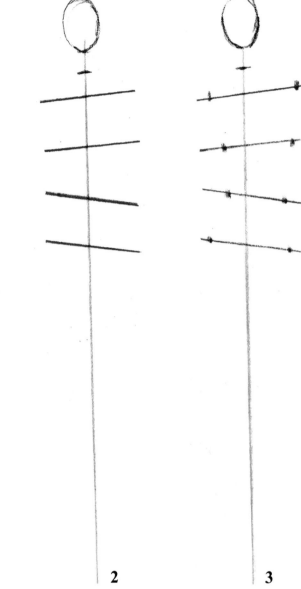

勾画上半身 **1**　　　　**2**　　　　**3**

1 画出一个椭圆形的头，高度比一英寸略小一点，把平衡线直接划到页面底部。

2 画出一条长度等于头的一半的细线，来标示脖子，线条方向与标示肩膀与胸部的线条方向一致。以相反方向的线条标示出腰线和臀部，这两条线的方向是一致的。

注意，肩膀和胸部的尺寸与腰部和臀部差不多，每个部分都是大约一个头的尺幅。

水平尺寸（宽度）最大的是肩膀，其次是臀部、胸部和腰部，腰部最小。现在我们要标注出躯干：

3 在平衡线两侧的线上，都用"点"标出与头部同宽的尺寸，这样我们就可以得到肩膀的尺寸。

- 两点间距略小于肩膀的是臀部
- 两点间距比臀部略小的是胸部
- 两点间距比胸部略小的是腰

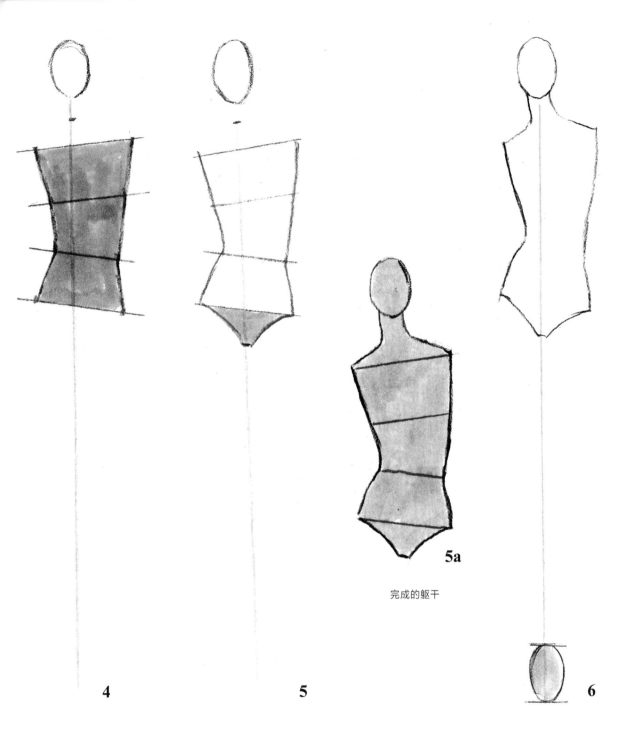

5a

完成的躯干

4 **5** **6**

4 用线把点连起来，这样就形成了躯干的轮廓。你会发现，在高髋的一侧呈现收缩，而在另一侧则呈现伸展。

5–5a 现在，加上比基尼底部和脖子，这样我们就完成了上半部分。

6 将一根手指放在头顶，另一根放在比基尼底部的位置，再将测出的长度复制到身体的下半部分，将头部的测量值加在底部，就得到了我们想要的全身比例。

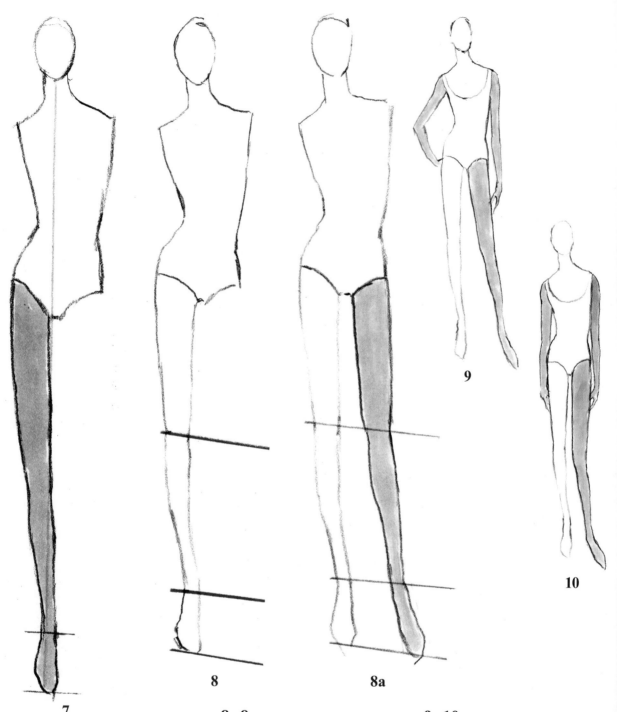

7 把高髋部一侧的腿与平衡线连接起来，这条腿就成为了支撑腿，支撑腿将成为后面的腿，而非支撑腿则成为了前面的腿。

8—8a 在膝盖、脚踝、脚尖处画上具有透视关系的平行线，时装人体显得更长。在这些线之间画出非支撑腿，时装人体的基本动作不应该被非支撑腿和手臂锁定，服装和你想要表达的态度决定了非支撑腿和手臂的姿态。

9—10 注意体会，如何通过改变非支撑腿的位置来实现表达不同姿势与态度的更多可能性。

为了更加准确，我们总是在姿势基本确定后再添加手臂。服装和袖子的细节常常决定它们的位置。

完成的形象

Norell 1968

色粉、彩铅、有色纸

第 5 章

前身中心线

想想看， 你的鼻子把你的脸分成两半。你照镜子时会看到
你的眼睛在它的两边。如果你转动你的头，你会看到鼻子不再是将你
的脸等分为两半，而是大部分在一侧小部分在另一侧。但是你心里清楚，
你的鼻子现在是，将来也永远是脸的中心，是你脸部的"前身中心线"。

　　人体有前中线，衣服也有。它是如此重
要，即使是最微小的一点偏差，也会
导致衣服的所有细节被错误地呈现。
所有衣服都由前中线来保持平衡，
即使口袋和纽扣等细节也是如此。
前中线是每件衣服的正中心，也是衣服
每个独立部分的中心，比如袖子、
裙子、裤腿等等。人体或衣服的前
中线会随着身体的移动而移动，是一
条从脖子到脚或是到衣服下摆的直线。

在一件连衣裙的正面视图中，只有一条前中线。当你添加了袖子，就有了三条前中线：一条在身体上，另外两条分别在每一条袖子上。当你绘制裤子时，每条裤腿都有前中线（折痕线可能会帮助你看到它们，因为它位于每条裤腿的中心）。

在正面视图上，每条袖子的前中线是在各自的外侧边缘，两件套的衣服则上、下半身各有一条前中线，在你看来也许一条线就足够了，但是为了准确起见，还是要把它画成两个独立的部分：一条从肩膀到上半身服装的下摆，另一条从腰部和臀部到下半身服装的下摆。

此外，当人物转为侧面方向，前中线则变成了服装轮廓的边缘。

在正面视图中，袖子的前中线在外侧边缘。

每个部分都有各自的前中线

在侧面视图中，前中线变成了外轮廓的边缘

前中线和"V"字领

在"V"字领的裙子上，前中线会是最明显的。"V"字的"下尖点"正好在前中线上，当时装人体开始转身时，前中线或"V"字领都会跟随着移动。转离的一侧会变小，这一边总是显现出胸部的轮廓，转向你的一侧则会变大，也就是身体平坦的一面，这一面从不会显现出胸部的轮廓。

Karl Lagerfeld/Chanel
2001

有些服装会是单排与双排扣
的搭配

前中线和半侧身时装人体

在半侧身时装人体中，前中线遵循以下路径：

- 颈窝与锁骨相接合的点
- 乳房之间的中心点
- 肚脐
- 胯部或腿的开端

一个有用的练习，是用记号笔标出你在杂志上找到的每件衣服的前中线。随着时间的推移，你将能够看到它，甚至很容易地找到它。即使是面对一个复杂的姿势，一旦在时装人体草图上建立了前中线，大多数的错误都可以被避免。

为了让这一原则更加清晰，我们以无肩带的紧身胸衣为例，如果研究一下胸衣的中间部分，你会发现：

- 胸罩的钢圈与前中线相交
- 骨线位于前中线和每条公主线处
- 胸部的轮廓只在转离的那一侧显露出来

显示胸部轮廓一侧的公主线更接近紧身衣边缘。在面积更大一侧的公主线，与边缘之间有着更多的空间，任何水平接缝或细节都轻微转动，以明确显示侧面的形象特征。

通过画出外侧的乳房，你会找到前中线

显示乳房轮廓的一侧总是离你较远的那一侧，而且总是面积较小的那一侧。你永远不会在同一个时装人体身上看到两个侧面的乳房。

随着时装人体的转动，我们开始看到身体的侧面视图。为了给侧面视图确定准确的位置，在最初确定形体关系的阶段，可以不画出手臂，用虚线画出手臂自然接入的椭圆形，这会帮你获得更高的准确性。

当绘制一个半侧身时装人体时，请记住，在画前中线时，不要一条线画到底，要在胸部、腰部、臀部各有一个停顿。这将让我们画得更加准确。另外，每次碰到水平缝线时，先停下来检查一下准确性，然后再继续画。

为获得准确性，在胸部、腰部、臀部停顿一下

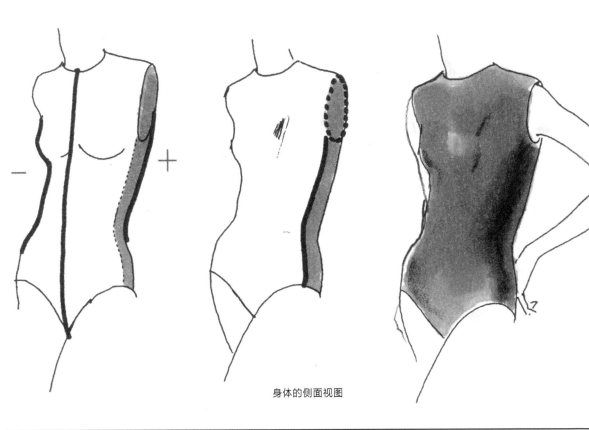

身体的侧面视图

前中线和服饰细部

当你画衣服的细节时，比如领口，
请记住：

- 先从外面向中心画
- 再由中心向外画
- 确保水平方向上离你远的线条
  更短，而离你近的线条更长
- 检查一下，确保前中接缝线呈
  向上的曲线

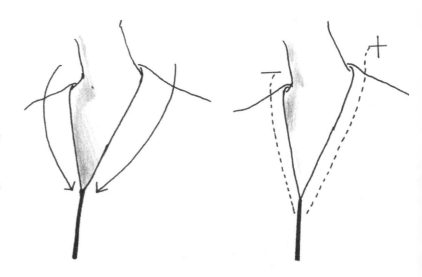

背部视图采用相同的原则，不同的是水
平线会是向下的曲线。

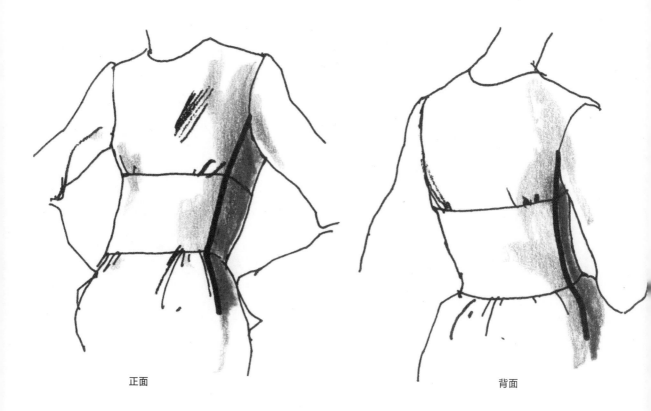

正面　　　　　　　　　　　　背面

为了在绘图时适应前中线原理，我们先看纽扣和门襟。

单排扣服装的纽扣位于身体的中间，或是前中线上，门襟则是在前中线的一侧。

纽扣对齐前中线的情况只有：

· 纽扣和扣环；
· 拉链；
· 开衫和外套；
· 盘扣或纽帕式。

你画的可以是一件衬衫、一件外套或者一件夹克，它可以有一个纽扣，也可以有一排。无论怎样，这条规则永远不变。

单排扣

纽扣和扣环

开衫

盘扣

拉链

双排扣的衣服，无论纽扣距离远近，都是等距的。有一些双排扣的衣服，比如西装，纽扣之间的距离是相等的。

今天，闭合的方式可以有许多不同的选择，但是纽扣始终与前中线相关。此外，双排扣的规则也应用于侧系扣的衣服——非功能性的纽扣除外。当穿着双排扣服装的时装人体身体转动，你会感受到透视上的变化，请注意，离你较近一侧的纽扣是圆形的，而离你较远一侧的纽扣是椭圆形的。无论是单排扣还是双排扣衣服，服装的侧面近景图中，纽扣看起来都位于外部边缘。

不管款式、纽扣的数量和间距如何，请记住，如果前中线出错了，那么衣服的每一个细节都是错误的。事实上，如果你的画面出现了问题，而你又不知道是什么问题，很有可能是前中线出现了问题。

在双排扣的服装中，纽扣与前中线之间的距离是一致的

当然，我们在刚开始画时，前中线的位置不是一次就能画对的，需要不断调整，直到接近完美。

不停地在你的底稿上擦掉重画，直到能准确绘制前中线。多花时间练习和实践，直到你的技法接近完美。

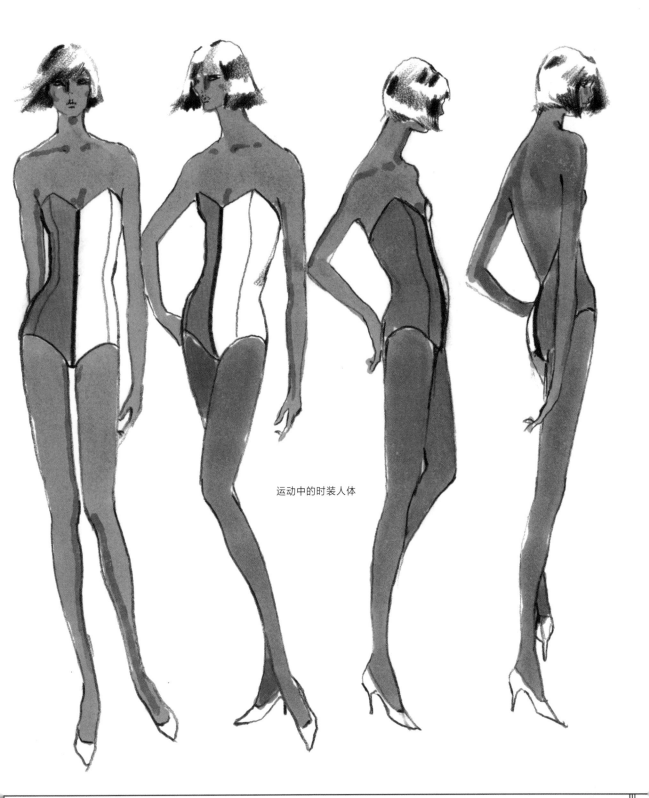

运动中的时装人体

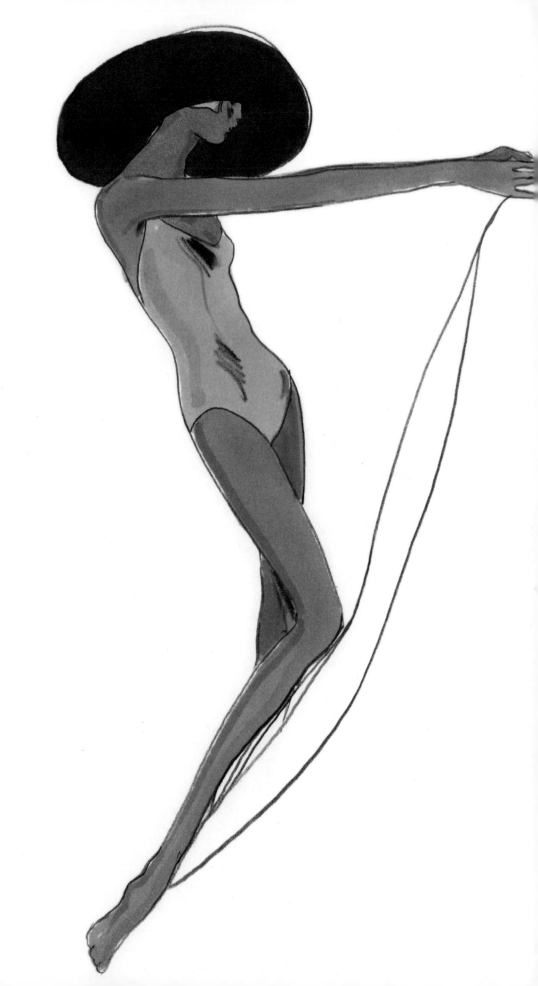

第 **6** 章

臂部、腿部、手部和脚部

臂部、腿部、手部和脚部展示

的是时装人体的姿态，而不是包括平衡、移动和动作在内的实际功能。
改变它们的位置，可以将运动感十足的姿态转化为充满华丽感。

想象一个时装人体身着活力动感的运动装，量身定
做的西装、晚礼服或者是新娘的婚纱，臂部和腿部的
位置会使姿态完美地契合服装。然而，大多数学生会认
为胳膊和腿只是连在躯干上的附属部位而已。重要的是，记住它们
附着在躯干上，并且所有部位是相互协调的。胳膊和腿都可以分为上
下两部分，手和脚也可以这样划分。每个部位都由关节连接，能够单
独运动。

臂部和腿部的骨骼非常相似，上半部分都有一根长骨头，下半部
分都有两根骨头，同样包裹着肌肉，外形轮廓相似，每一个部分都由
一系列优雅的圆直线条构成。

马克笔、彩铅

63

手臂

手臂不是完全直线下垂的，在身体的自然状态下，会有轻微的弧度。在画手臂时，设想它从肩膀开始，分为四个区域：

· 上臂；

· 肘部；

· 小臂；

· 手掌。

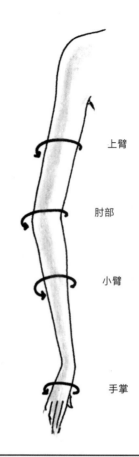

上臂

肘部

小臂

手掌

绘制手臂

在画手臂时请一定记住：

1 肩膀的肌肉有一种柔和的圆弧度。

2 上臂的线条几乎是平行的。

3 小臂外侧的肌肉呈柔和光滑的轮廓。

4 手臂内侧分为两部分，上半部分更圆，下半部分变直，延伸至手腕。

5 手腕变窄，连接手掌。

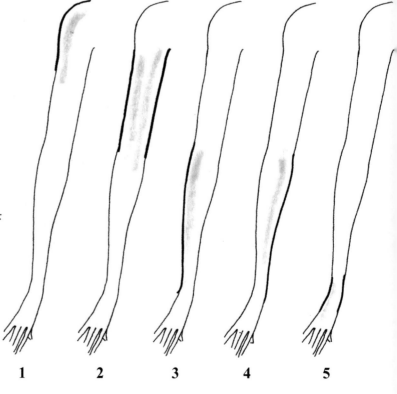

1　　　**2**　　　**3**　　　**4**　　　**5**

注意，当手放在臀部上时，或者有任何透视的情形，那么小臂内侧肌肉是圆弧形的，外侧肌肉是平直的。

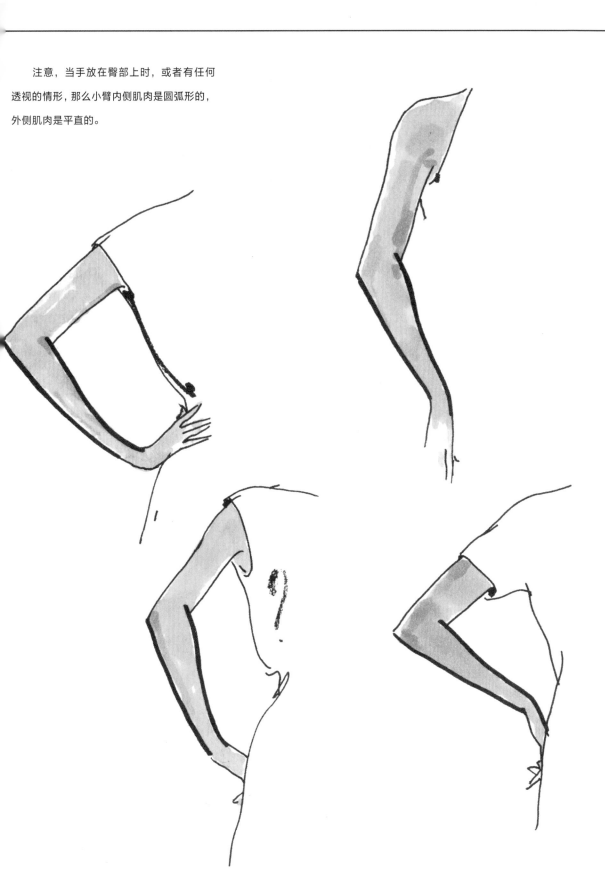

双手

手由两个长度相等的部分组成，即手掌和手指。手的大小是从下巴到发际线的长度，大约和自己的脸一样长。

手可以为时装人体提供不同的动作和情感，与脸和躯干不同，手可以被绘制在不同的位置，因此，很多学生对绘制手部感到迷惑和困难。

不要把手想象成一个整体，把它想象成以下独立的部分：

· 手掌（或手背）

· 四根手指

· 大拇指

因为它们彼此独立，所以每个部分都可以在随着手部运动的同时独立活动。

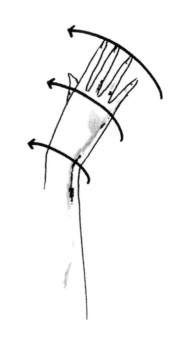

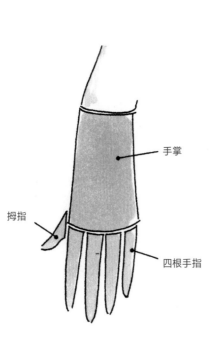

手掌

拇指

四根手指

手掌平视图

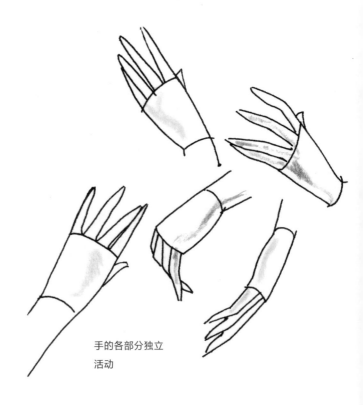

手的各部分独立活动

绘制时装人体的手比其他画作的手要简单许多，指关节和手上的褶痕应该轻轻处理。想象一个球将手腕和手掌分开，手掌要画得长而优雅，将它与手的关系想象成颈部与头部的关系——一个优雅的连接器。

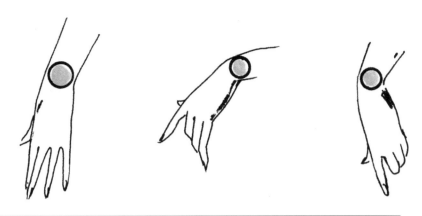

用一个微妙的曲线确定手指的起始位置，每画一根手指，用椭圆形指甲把手指小心地呈现为尖头的形状，手指相对于手背更加圆润。因为拇指附着在手腕上，可以独立于其他手指活动，所以，画完其他手指后再画拇指比较容易。同时，也要注意手掌的侧平面。

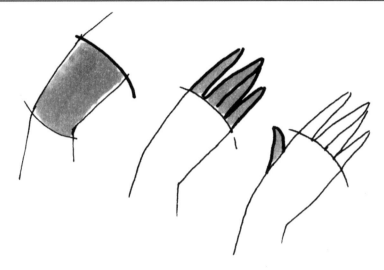

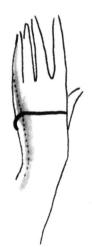

注意手掌的侧面平面

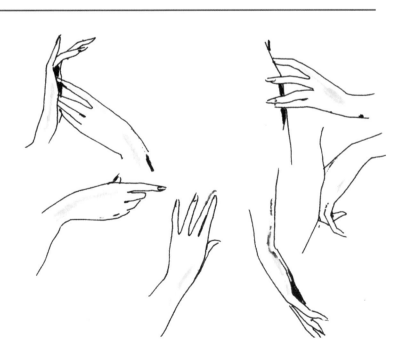

腿

在时装界，腿及其展示程度一直是人们关注的焦点。在一件较短的时装展示中，腿成为了时装人体的关注点。和手臂一样，腿也可以分为四个部分：

- 上部或大腿
- 膝盖
- 下部或小腿
- 脚

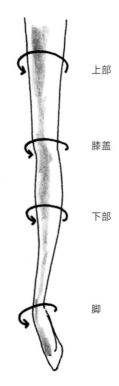

当你观察腿的比例会注意到：

- 膝盖到小腿中部的长度等于小腿中部到脚踝的长度
- 腿的上部比下部粗，在时装人体腿型中，膝盖处有一个柔和的锥形
- 膝盖应该看起来稍微在小腿的前面
- 小腿的外侧肌肉呈平滑状态
- 小腿内侧肌肉连接脚踝的地方分成两半
- 腿最细的部位在脚踝上方

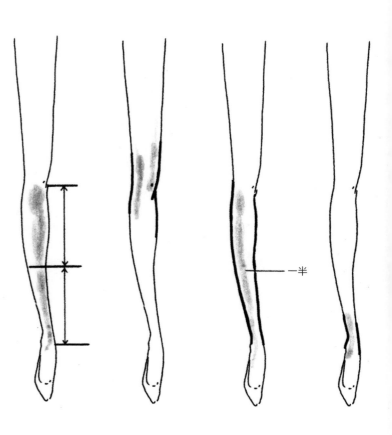

绘制腿部

1 设置四个分区。

2 保证外侧肌肉的长度，简单处理膝盖。

3 将内侧肌肉分成两半，使线条弯曲。

4 保持足部的细长。

5 时尚的腿型应该是优美典雅的，为时装人体提供平衡。保持腿的长度，但是也不要画得过长，以至于影响时装人体的整体美感。肌肉应该看起来圆润，但是不要过分夸张。此外，鞋子、长袜和靴子应该成为与腿部相协调，从而发挥出增强人体美感的作用。

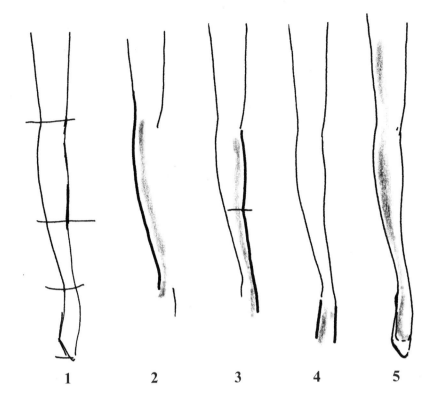

1　　2　　3　　4　　5

脚部

　　和手一样，时装人体的脚部应该是细长的，而且时装人体的脚部应该画上鞋子。然而，当你第一次绘制时，应该练习赤脚的草图，这将会有助于你对脚部位置与透视关系的理解。

　　当绘制完整的、正面的脚部和侧向的脚部时，注意透视的变化是如何使各部分的关系发生变化的，确保脚踝和足弓处于脚跟的前方，脚趾与指甲要简单处理。

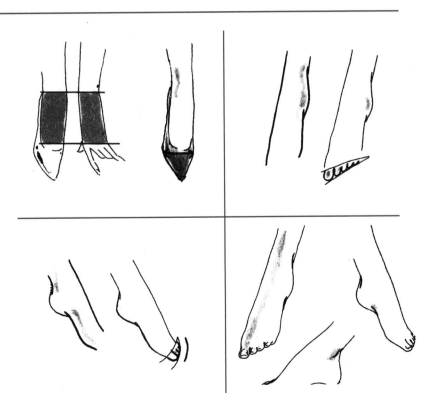

然而，在画时装草图时，总是需要画穿鞋的脚，当我们把脚画进鞋里时，把它想象成一个直角三角形，内侧比较直，而外侧呈弧形。请记住，鞋底的内侧要比外侧小，并且，从侧面看，足弓的结构使脚部看起来不能完全平放在地面上。这一点我将在关于配饰的章节中"鞋与靴子"的部分做更进一步的讲解。

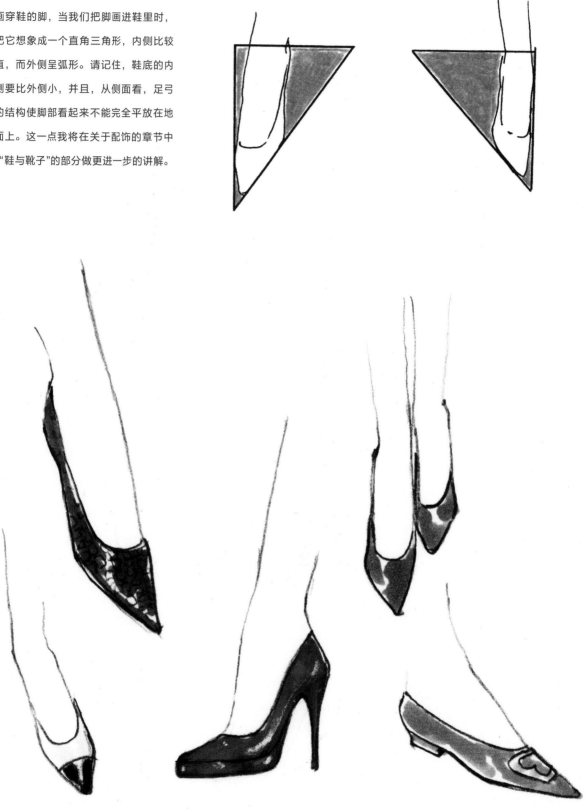

通过练习，你会发现，手臂与腿可以给予时装人体充足的戏剧性张力与姿态。

第 **7** 章

绘制时装人体的脸部

当你环顾四周， 将会发现，自己的面容与他人有很大不同。但是，你分析一下就会发现，脸部都由四个部分组成：两只眼睛、一个鼻子、一张嘴。脸部不像服装有那么多的细节，如领子、袖子、腰带等，脸上有一系列阴影与空白。

头部约占人体高度的十分之一，而且是完全独立的。你不可能像移动手臂、大腿一样移动自己的鼻子。如果你低下头，脸部的四个部分仍然会固定在自己的位置上。

没有人愿意面对一张永远面无表情的脸，人们说话，睁开和闭上眼睛，不停地变换着表情。头发有时会覆盖一部分面容，但更多的时候，头发会衬托出脸型，让其一览无余。

不同的组合——丰满的嘴唇、纤薄的嘴唇，突出的鼻子、扁平的鼻子，高颧骨、圆圆的脸型，黑皮肤、白皮肤，卷曲的头发以及柔顺的头发，都会产生令人惊艳的效果。但是，当头从正面微微转向侧面，整个形象看上去都会发生改变。

时装人体的面容不同于一张真实的脸，因为，不同风格的妆容会让焦点汇聚在特定的部位上面，这让其他部位变得不那么重要。这些风格每十年就会发生改变，有些时候甚至每年都在改变。当绘制脸部的时候，要在我们的头脑中始终保留住对于焦点的印象。

时装人体的面容是在特定的时间里对美丽的完美诠释。它不是单指某个女人，而是各种种族与类型女性的集合体，具有每个不同个体的特征和品质。流行的个性，时尚与世界的态势，都为时装人体的面容带来影响。时装模特之所以被选中，是因为她们展示出最理想的状态。

让我们回到几十年前，研究一下发型和化妆是如何改变时装人体的面容的。研究每个时代的焦点，学会如何让你的作品呈现出你想要的样子。

20世纪20年代

20 世纪 20 年代是浪荡女郎的时代，这时的女性比世纪之交的她们更为解放。Clara Bow 和 Gloria Swanson 开创了独特的风格，化妆之后，她们看起来就像涂了漆的洋娃娃。眼睛和嘴唇在妆容中常常具有同等的分量，嘴唇通常是红色的丘比特弓形唇，眼睛涂上了眼影。眉毛则特别细，脸颊上抹了胭脂，时常会在下巴附近点上美人痣，发型是光滑的波波头，让头部看起来特别小。

Gloria Swanson
20世纪20年代

73

Jean Harlow 20世纪30年代

Jean Harlow 20世纪30年代

20世纪30年代

好莱坞主导着这个时代，女人们都希望自己看起来像个电影明星。Jean Harlow 是终极性感女神的代表，她是第一批成为电影明星的金发女郎之一。她的头发在脸旁呈波浪状，在屏幕上看起来几乎是白色的。眉毛很细，几乎成为一条线，嘴唇红润发亮。这种妆容非常迷人，并且充满人造感。

除此之外，Greta Garbo 的超精致妆容同样是这个时代的代表，她非常低调，从不浮华，她的眼睑深得有些夸张，性感的眼睛明眸善睐，她的嘴唇是尖尖的，头发保持自然的风格，很光滑。

20世纪40年代

由于战争期间对化妆和服装的限制，"Rosie the River"常常被看作 20 世纪 40 年代早期在工厂工作的妇女形象。然而，即使有这些限制，女性仍然希望感觉自己像靓丽的电影明星。

在睫毛上涂睫毛膏，嘴唇上涂彩妆，头发齐肩，呈波浪状或在背后向上梳起。好莱坞明星 Joan Crawford 和 Ava Gardner 就是这种装扮的最典型代表。

Joan Crawford 20世纪40年代

20世纪50年代

彩色电影和 Max Factor 化妆品在
20 世纪 50 年代对时尚产生了重要影响。
头发染成金色或胡萝卜红色，眉毛用浓
重的铅笔描画，深色的眼线在眼皮的末
端向上翘起。发型流行齐下巴、波浪式
和意大利式短发，各具魅力。Elizabeth
Taylor、Marilyn Monre 和 Sophia Loren
都是典型代表。时装模特们冷艳不俗，
她们和电影明星一样，代表着一种女性
憧憬着的，不可触及的理想。

20世纪60年代

在 20 世纪 60 年代的前半段，时装
人体的面容外观是优雅的、淑女般的、
复杂的、精致的。Jacqueline kennedy
和 Audrey Hepburn 是这种风格的最佳
代表。化妆更自然，重点在眼睛上，眉
毛用眉笔画出来，嘴唇涂中性颜色，头
发做成蓬松或法式发髻的风格。

伦敦的 Youth Quake、Biba Makeup
和 Vidal Sasson 美发造型，是 20 世纪
60 年代后半期的主要特征。戴着假睫毛
和浓浓眼影的眼睛成为脸部的焦点，嘴
唇苍白，通常涂抹成白颜色。头发被剪
成几何形状，或者被称为"瀑布"的假
发堆得高高的。伦敦时尚模特 Twiggy
最能代表这一造型，她的上眼睑和下眼
睑上都戴着假睫毛，非常苍白的嘴唇配
合着短发。不同种族背景的模特们陆续
出现在 T 台和时装杂志上。

Elizabeth Taylor
20世纪50年代

Hioko 20世纪60年代

Audrey Hepburn
20世纪60年代

Twiggy 20世纪60年代

20世纪70年代

20世纪70年代的时装人体面容为我们带来了现实主义与感性的认识。妆容看起来很自然，更多的注意力被放在了皮肤护理与健康的身体上。眼睛和嘴唇具有同等重要的地位。土色的底妆色彩被用来铺陈和提升面部形象。头发是简单的剪裁造型或者烫发。模特们看上去不再具有侵略性，而是让人感到真实可信。Lauren Hutton 成为了这十年薪酬最高的顶级模特之一。妇女们严肃地加入了劳动大军，而不再将自己打扮成以往所憧憬的女神形象。

20世纪80年代

20世纪80年代不是浓妆艳抹就是朋克摇滚，这取决于你是谁。脸不得不与衣服的垫肩争芳斗艳。大多数时候，像 Joan Collins 和 Linda Evans 这样的"肥皂剧"明星呈现出了富丽大胆的化妆新个性，Brooke Shields 成为了第一个超模，她走 T 台，拍照片，上电视节目，而且是 Calvin Klein 的牛仔裤代言人。

红色的嘴唇，画上眼影的眼睛，眉毛饱满，涂抹腮红的脸颊，使脸部拥有一种平衡感，头发很蓬松或很短。

另一端是朋克风，与富丽、装点的外观形成强烈的反差。头发是剃掉了的，或者雕凿般地使用摩丝和发胶打造出奇怪的造型，化妆是为了制造令人震惊的视觉效果。在粗糙的鼻子、嘴唇和耳朵上，穿了耳钉和耳箍，摇滚明星常常成为时尚的引领者。

Brooke Shields 20世纪80年代

Lauren Hutton 20世纪70年代

20世纪90年代至今

20世纪90年代的时装人体面容是与个性紧密相关的。摇滚明星的形象既有健康、干净、自然的一面，同时又始终具有令人震撼的一面。通常由复古的服装决定化妆的风格。时装模特的面孔成为了超级明星的代表，她们的妆容风格既有 Kate Moss 流浪儿一般的天真，也有 Naomi Campbell 的性感，头发或短或长，或介于两者之间。更多女性自主打造自己的风格。

20世纪90年代末的时尚妆容与21世纪是相反或对比鲜明的，没有任何一种化妆风格成为主导。一个上东区的精致金发女郎与内城的嘻哈、市中心的朋

克和哥特风格，各具特色，引人注目。纹身和身体穿孔也像化妆一样，被人们广泛接受。

像 Madonna 和 Nicole Kidman 这样的名人，可以随心所欲地改变妆容和头发的颜色。追求完美和保持年轻的愿望，使整容术和肉毒杆菌注射司空见惯。21世纪前十年的后半段，Rihanna 和 Beyonce 等明星，因其变色龙般的能力而开始引领潮流。头发颜色、化妆及服装的不断变化，使她们很容易改变自己的样子，从而适应各种特定场合表演的要求。

Madonna
20世纪90年代-21世纪

Naomi Campbell
20世纪90年代

Kate Moss
20世纪90年代-21世纪

Rihanna 2000年

绘制时装人体的脸部

在本章中，我们将"脸"作为一个独立的部分进行研究。我们将其作为一个完整的形象来描绘，但是要在真实的基础上简化许多。首先，我们要从正面的脸部画起。

一般来说，最好的起点是从绘制一个椭圆形开始。请记住，脸不是圆的。脸越圆，看起来越年轻，婴儿的脸才是圆的。

1 画出脸部的椭圆轮廓，水平和竖直方向各画一条线把脸四等分。

2 在水平线上画上椭圆形的眼睛。两只眼睛之间的间隔通常为一只眼睛的长度，每只眼睛的外端到脸部的边缘的距离为半只眼睛的长度。眼睛的位置既不要太近也不要太远，遵照以上的原则，就能正确地找到眼睛的位置。

3 从椭圆下部的中心向上，到两只眼睛的外侧各画一条线。

4 把椭圆形脸的下半部分进行二等分。

5 把嘴画在下部这条二等分的线上，两边的嘴角画在水平线与两条斜线相交的位置上。

6 嘴唇的几个重要的"点"要画准确（以后你会发现这些点让画嘴更容易），上嘴唇从中心线弓形延伸到两侧，下嘴唇是一条弧线，连接两个嘴角。

7 在中心线两边各画一个"点"，来标示鼻孔。

8 对角线能够帮助你找准眉毛和颧骨的位置，在脸部的两侧，对应眼睛外侧的底部至鼻子的底部，各画一条略微呈钩状的线，来呈现颧骨。耳朵画在椭圆形的两侧，从眼睛的水平位置开始，到嘴唇的水平位置结束。

现在，你有了位置确定的头部，修改，提炼，直到它看起来比例准确。

将这个位置确定的头部放在一张图纸下面，确保你可以透过图纸看到它（有时可以把它放在两三张厚图纸下方，这样它就不会过于明显）。现在，我们就可以分别研究每个部位的特征，在草纸上画出它们。

1

2

3

4

5

6

7

8

眼睛

1 完善杏仁状的眼睛。略微标示出泪腺，眼球延伸到眼皮的上方，千万不要在眼皮里画出一个完整的圆圈。瞳孔是眼睛中心的一个黑点，位于整个圆形虹膜的中心，不要过分强调眼球。

2 眼睑与眼睛的形状大体相同，画成勉强显现或者非常深邃。

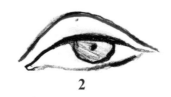

3 为了让眼睑更有深度，把眼睛的深色眼影集中在眼睛两端，中间部位颜色较浅。

4 睫毛要成团画，不要画成单根的毛发，眉毛要画成成片的羽毛状。

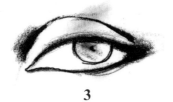

嘴

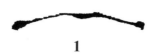

1 先把嘴的中央画成一个拉得很平的"M"形，再把两端和最中心的点加重，这样可以让它更具立体感。

2 先画上嘴唇，再画下嘴唇，上嘴唇的中心就在前中线上。

3 下嘴唇比上嘴唇画得略丰满一些，在下嘴唇的中间底部画一点阴影。

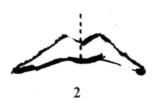

4 画一张略微张开的嘴，在上半部的"M"填色，这样会让嘴部更生动，有表情。切忌画单个的牙齿。

5 在完善嘴唇时切记，外轮廓线画太重会显得假，试着用嘴唇的颜色淡化它。

鼻子

鼻子会有点儿难画,因为绘制鼻子阴影用得多,线条用得少。绘制鼻子运笔越少越好,尽量画得简单。

1 鼻子的底部是由三个圆圈组成的,中间的最大,两边的略小,且两边的圆圈大小相等。鼻孔是椭圆形的,让鼻子更有立体感。不要把圆圈完全画闭合。

2 画鼻子的一种方法,是将其想成只有一侧有阴影的状态。用羽毛般的排线在一定角度画出鼻子的深度。

3 另一种方法是用线来表现,如果用这种方法,要保证它比脸上其他的线都轻淡。

4 观察鼻子与眼睛的关系,它们之间要有一定的空间感。

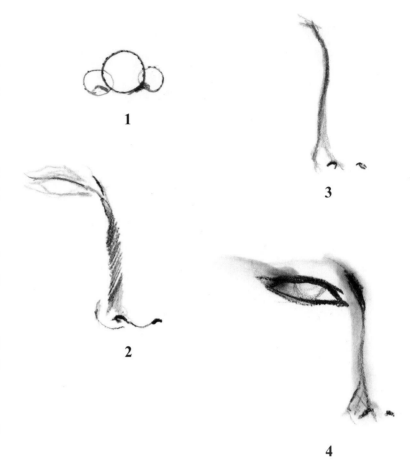

耳朵

也许,再没有其他任何部位像耳朵一样,在这么小的空间里有这么多的内容了。同样的,越简单越好。

1 耳朵在脸部两侧呈"问号"形。

2 无论从任何角度描绘,耳朵的内部都要使用淡雅的线条。

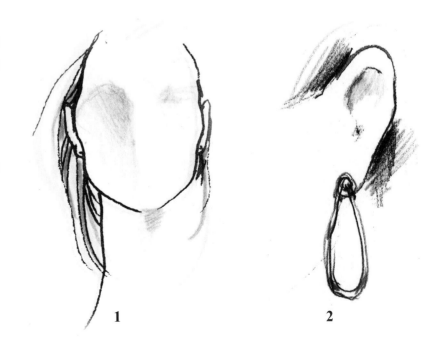

完善外轮廓

这是绘制脸部非常微妙的部分，也是非常个人化的。有些人会想要小一点的下巴，更圆的下巴，更方的下巴，更高的颧骨等。最漂亮地完成时装人体头部的方式，是画上一个长而优雅的脖子。

1 颈部在到达肩膀之前融入斜方肌。斜方肌由三角形来表示，颈部不会直接连到肩膀。

2 不要直接从下颌线引出颈部。

3 要给下巴留出一些空间，不要把脖子连接在下巴上。

4 要为脸部留有足够的空间，不然脖子会显得太粗。

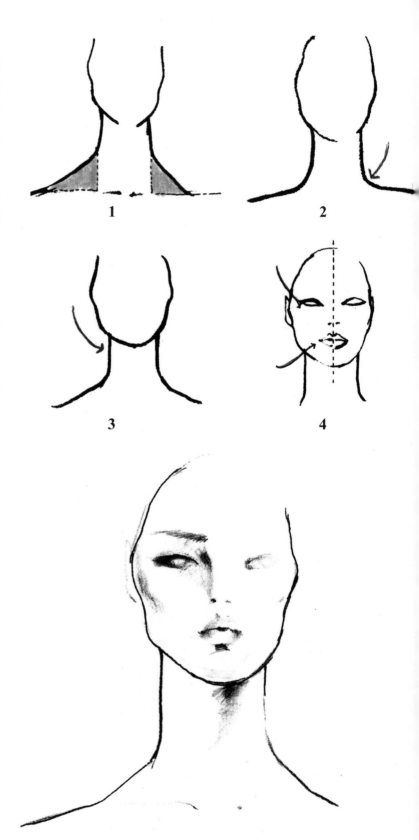

头发

发际线从脸的顶部向下约三分之一处开始，建立发型和发量与脸部之间的关系。是蓬松的、卷曲的、光滑的，还是几何形状的？是长的、半长的还是短的？是如何从头部开始生长的？特色在哪里？

一般来说，头发上最深的阴影是最靠近脸部的，顶部和接近外侧的部分是最浅的。为了清楚地看到这一点，研究金发模特的照片，因为这样更容易看到这些阴影。

与其画一个僵硬的轮廓，不如用铅笔"梳理"头发。你会用梳子做什么动作？用铅笔把这些动作"写"在纸上，这会让你描绘的发型更加流畅。

想象一下，用铅笔"梳理"头发

最重的暗影离脸部最近

眼影与脸上的阴影配合融洽

对于光滑或卷曲的头发，你可以从头发的一部分开始画，然后向下推进。对于烫发，复制你的手指在制造波浪时的动作，让卷发看起来更卷曲。几何切线会形成明确的、精确的几何轮廓。应该在适当的位置，以线性几何轮廓绘制。堆在头上的头发应该用流畅的节奏性线条来描绘。

保持卷曲的头发与刘海具有轻盈的发质，钝剪的头发更有明确的形状。线条不应该看起来"死重"。

切忌用生硬的线条画头发，把握住脸部周围的发量，以及任何其他特殊部位的勾画。记住头发是围绕着头部的，确保头发的阴影接触到脸部而不要留有间隙。

堆积

钝剪

柔顺或波浪

卷发

绘制半侧身和侧面的头部

前中线将脸部正面分为两半，当转头时，前中线也随之变化。当头转到正侧面时，前中线将成为脸部的轮廓。

为了更好地理解半侧身和侧面头部的元素，让我们思考下面这些原则：当头从正面视图转动时，逐渐失去一部分的正面元素。当头完全转至侧面时，失去了一半的面部元素。因此，正面视图将表现出完整的眼睛和嘴，在转至四分之三侧面的时候，将看不到大约四分之一的面部元素。

面部较大的部分，将在转动发生时处于靠近你的一侧，而较小的部分则处于较远的一侧。描绘颧骨轮廓的那一侧总是在画面中较远的一边。在面对四分之三侧面的鼻子时，我们看不到另外两个面，只能看到鼻子的一个面。

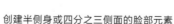

创建半侧身或四分之三侧面的脸部元素

在侧面像中，我们能够看到一只眼睛和一半的嘴，并且只能看到鼻子的一个面。

在半侧身的头部，你会看到明显的透视斜线，在正侧面像上，透视线会倾斜得更厉害。

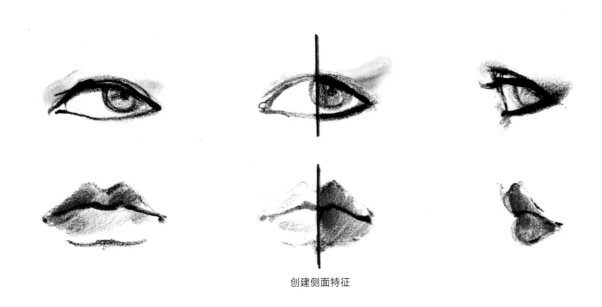

创建侧面特征

绘制转动中的头部

1 画一个椭圆，根据引导线，按照正面视图的规则，对头部进行划分。标示出两条原本水平的直线，使之"圆"起来，以体现侧面的透视感，其他元素都在与正面视图相同的位置上。

2 标示出眼睛（记得在双眼之间留出四分之三眼睛的距离）绘制对角线并画出嘴部，把较大的部分画在面部离你近的一侧，较小的部分画在较远的一侧。

3 标示出鼻子，底部与前中线相交，鼻孔在前中线的另一侧。标示出眉毛，不要让眼睛或嘴碰到外轮廓。用柔和的阴影来代替鼻子的侧面（见完成图），只画轮廓的一面或是阴影的一面。

4 头盖骨是转动中的头的一半，确保它在头顶接触到中心线。

5 画好面部五官特征之后再画轮廓更容易。前额与眼睛相连，颧骨大约从眼睛下面延伸到嘴上面，在嘴与下巴之间有一个小块儿隆起。

6 从转动的角度看，颈部的外侧线条延伸到斜方肌，内侧的线较短，且接入肩线前方。注意，脖子的前面要比后面低，画上耳朵，修改完善，直到你的画看起来舒服。之后，把它放在一张干净的纸下面重新画。

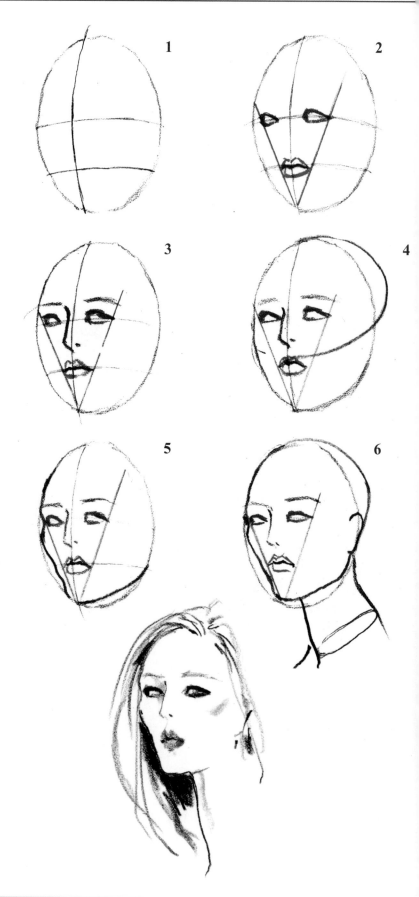

绘制侧面的头部

1 画一个椭圆，像画正面头部时一样，标注位置。所有特征线及位置都和正面视图相一致。

2 将一只眼睛画在略高于头部水平线条的位置，眼睛到边缘线的距离不超过一个眼睛长度。标示出鼻子。

3 如果你在椭圆前方画一条假想的直线：

- 前额会触碰到它
- 它会穿过鼻子
- 下嘴唇在微微靠后的位置
- 下巴也在微微向后的位置

4 头骨的宽度是头部长度的一半。

5 画下巴的时候笔触要轻，耳朵画在上嘴唇与眼睛之间的位置，稍微离开中线一点点。从侧面看，颈部保持略直，前颈部有一个轻微的弧度，且低于后颈部。现在，像之前一样加上头发，完善并放在一张干净的纸下面，重画。

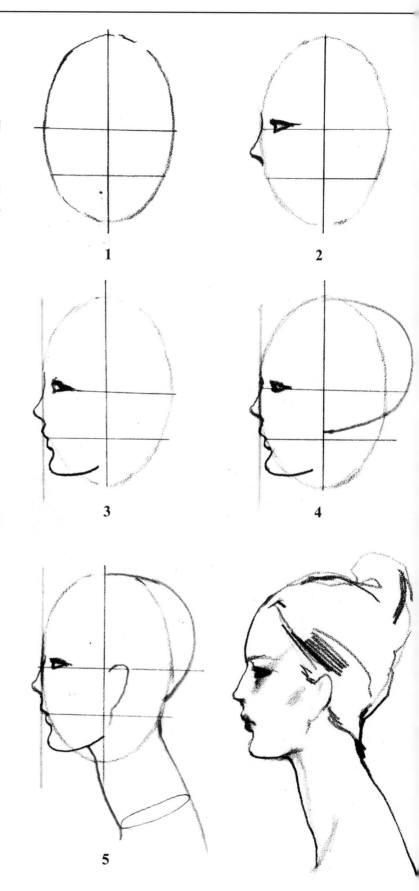

倾斜的头部

当头部向上或向下倾斜时，辅助线有一个更明显的曲度，在俯视的角度中，辅助线呈圆弧形状。

当你绘制脸部感到更加自信时，就可以练习不同的表情和神态了。尽量避免描绘俯视或仰视的头部，正面平视的脸部常常是最好的选择。

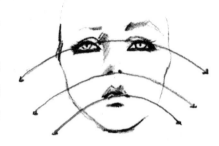

面部表情与神态

具有异域风情特色的面容

正如之前所述，美丽的面孔没有统一的标准，对于美的理解，每个种族都有各自的看法。时装模特来自于世界各地，代表着全人类。学习观察不同类型的靓丽美女，看看是什么成就了她们独特、唯一的美丽。

如果条件允许，可以通过写生来了解脸部结构。从清晰、采光好的照片中研究时尚面容。你可能会发现，没有一张照片是完美的，学会欣赏不同的脸部特征与发型风格。

Galaros 1962
马克笔、彩铅

第 8 章

半侧身和侧面的时装人体

想象一下， 正面人像在前中线两侧完全对称。在半侧身的时装人体中，从中心转离的一面将变得更小，而在侧面时装人体中，原来的前中线变成了人物的外轮廓。

在正面视图中，我们看不到任何乳房的轮廓，因为人物的侧面是胸腔的边缘。当时装人体转身时，乳房也随之转向一侧。我们还可以注意到，能年到乳房轮廓的一侧是较小的一侧。在其较大的一侧，开始看到袖窿和身体的侧平面。由于人物发生了转向，圆形的袖窿变成了椭圆形。支撑腿仍然遵循正面视图的规则，非支撑腿可以摆出任何姿势。手臂放置在臀部上，在转离的一侧，视觉上变得略微缩短。

Karl Lagerfeld /Chanel 2004

绘制半侧身的时装人体

1 先勾勒正面视图的形象，肩膀和臀部的线条仍呈相反的方向。

2 要将之转换成一个转身的形象，我们只需要专注于时装人体的上半部分。在臀部高起的一侧画一条新的轮廓线，大约可以去掉躯干四分之一的面积，依照原有的前中线，现在的身体就不再是对称的两部分了。

3 让脖子向高起的臀部一侧倾斜。

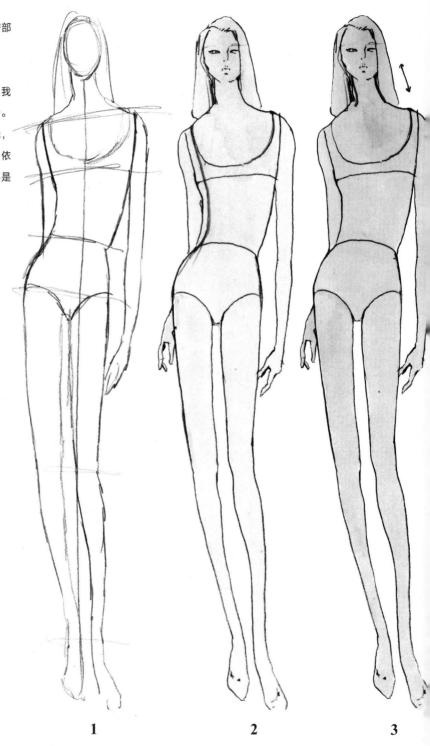

1   2   3

4 标出胸部与肩膀的轮廓。

5 向下画出胸腔，通过腰线连到臀部。

6 绘制完成半侧身时装人体。

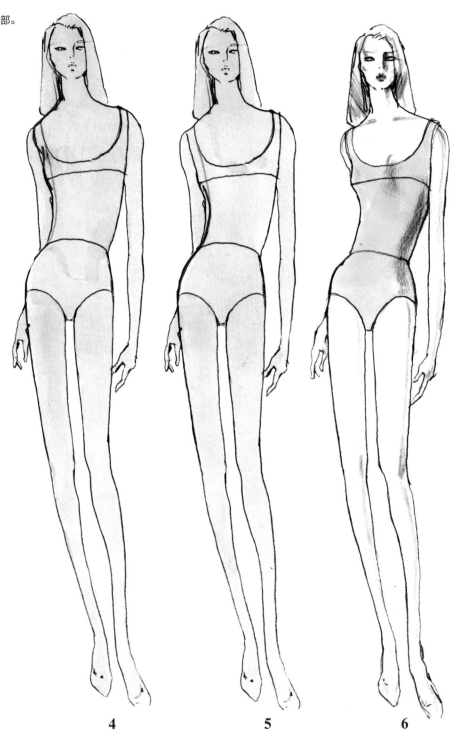

4   5   6

完成半侧身的躯干视图

前中线和身体侧面

标示新的前中线：

1 画出处于外侧边缘的乳房轮廓。
向下画一条与外沿平行的线，并连接至
紧身衣裤的底部。

2 另一个乳房画在前中线与身体侧平面
之间。

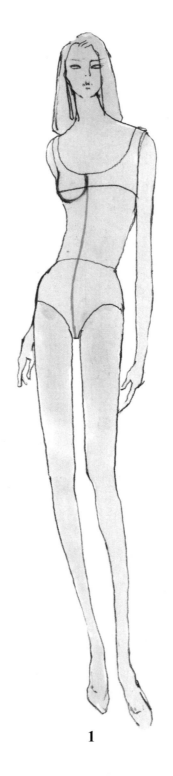

1

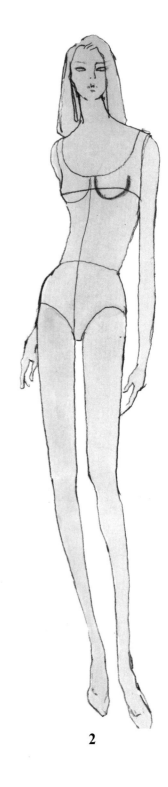

2

标示出身体侧面：

3 通过画一个椭圆形的袖窿来标示侧面的位置，椭圆袖窿要比现有袖窿稍向前一些。

4 沿着椭圆袖窿的宽度，画一条平行于外缘的线来表示身体侧面。

5 因为手臂遮住了身体的一侧，所以身体侧面一般会在阴影中。如果穿上了贴身的衣服，乳房下面就会出现轻微的阴影，躯干会被手臂挡在后面，这只手臂和另一只手臂一样，会有变化无穷的姿势。

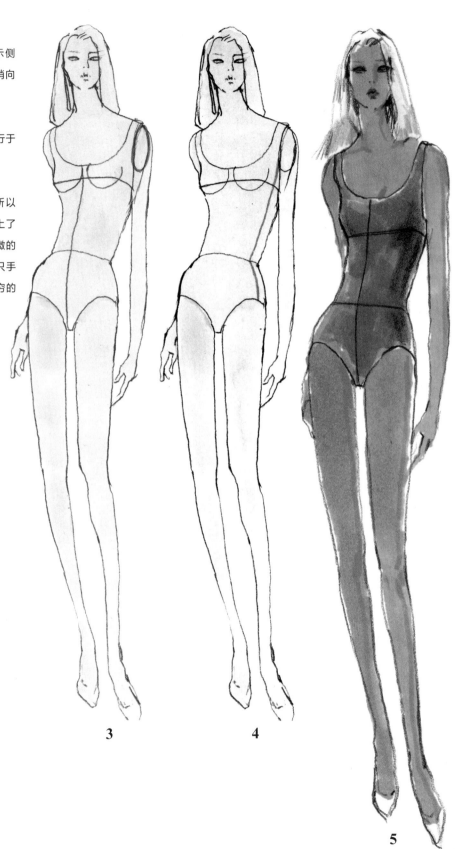

3   4

5

通过控制手臂和非支撑腿可以创造多种不同的姿势

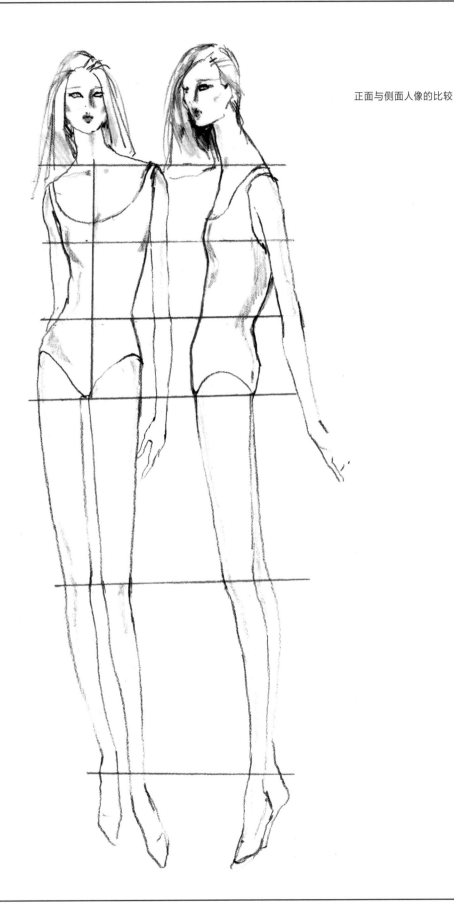

正面与侧面人像的比较

绘制侧面时装人体

当身体完全转向一侧时，我们可以看到全部的侧面。此时，时装人体的侧面成为了最大的部分，且袖窿成为完整的圆形。颈部向前倾斜，且胯部整体稍稍向前突出。

1 首先，在正面视图轻轻标示出线条方向一致的肩膀和臀部，接着，在它旁边画出侧面视图，所有的水平线条（肩、胸、腰、臀）保持不变。

头部的椭圆形保持不变，颈部向后侧斜。

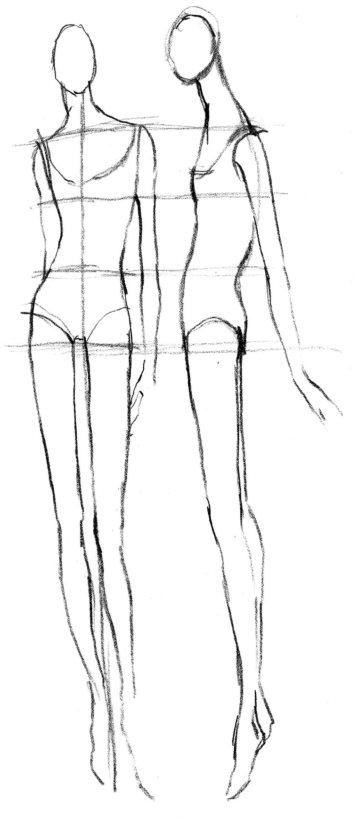

1

2 画上平衡线。

3 在胸线处画出胸部轮廓并继续画到
腰部。

4 腰部略微向前倾斜。

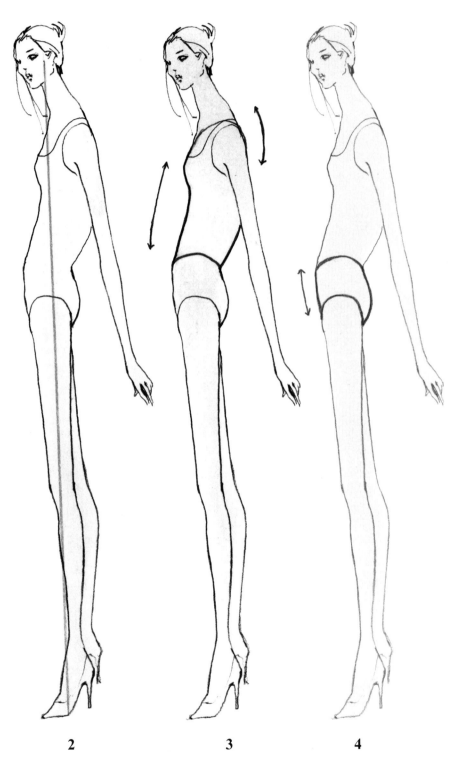

2   3   4

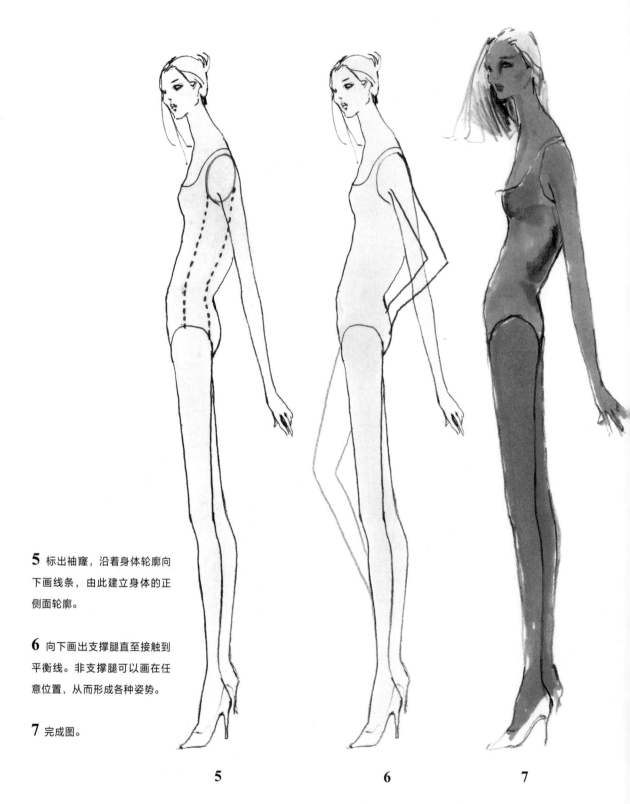

5 标出袖窿，沿着身体轮廓向下画线条，由此建立身体的正侧面轮廓。

6 向下画出支撑腿直至接触到平衡线。非支撑腿可以画在任意位置，从而形成各种姿势。

7 完成图。

5   6   7

通过对非支撑腿和手臂的控制可以形
成不同的姿态

彩色蜡笔、彩铅

第 9 章

姿势与 "S" 曲线

我们希望自己绘制的时装人体具有美妙的姿态和动作。 一个时尚的时装人体，应该看起来就像是在页面上跳舞，仿佛她摆出这种姿态丝毫不费力。在本章，我们将学习运动与动态线。这将有助于我们确定时装人体的动作与姿势。

请记住，要想让一张时装插画看起来很轻松，需要付出大量的努力、知识和实践。为了帮助你理解时装人体的运动或动作韵律线条，打开一本时尚杂志，在一张时装照片上，按照你认为正确的方向和姿态画出流畅的线条。你会由此体会出时装

人体动态的规律。

接下来，用你的手指模仿绘画工具，在纸上重复这些动作，让你的手指感受姿势和动作。现在，用铅笔或马克笔在纸上描画出这些姿势。

甚至可以不考虑准确性，将其作为一个简单的练习，我们可以将结果抛诸脑后。当你对这个练习充满信心时，就可以开始在纸上实际画出这些姿势。从你的第一反应开始，不断重复之前的线条，就好像你在用"抓和挠"的方式来塑造时装人体的姿态。开始观察身体某一个部位与另一个部位的关系，为实现越来越准确的目标而努力。

正面的 "S" 曲线

　　这是最经典、最时尚的姿势之一，也是关于收缩与伸展的一个非常重要的动作。

　　从正面视图中，时装人体将有一个明显的臀部提高的动势。这条线从头部到高髋部，再从高髋部到非支撑脚，形成一个 "S" 曲线。注意时装人体轮廓在高髋部的一侧，在胸部与髋部之间微微收缩，在另一面则与之相反。

"S" 曲线与转身的时装人体

在转身的时装人体上，头部略微前倾，躯干自
上而下向前倾斜，臀部向内倾斜并连接腿部。

在任何苗条和光华的服装映衬下，"S"曲线都会特别漂亮。"S"曲线也特别适合表现飘逸的晚礼服，因为它能让面料与任何细节都一览无余。

侧面时装人体的"S"曲线

在侧面时装人体中，我们可以看到，"S"
曲线最为清晰和夸张，头部稍微向前倾斜，
骨盆向前倾斜，臀部和腿部朝向平衡线。

当背部是焦点时，侧面时装人体的"S"
曲线将呈现一个优雅的姿势，无论对于轮廓
还是对于细节，都具有表现优势。

Balenciaga 1947

彩色蜡笔和彩铅、有色纸

第10章

塑造体型

人体有三个维度： 正面、背面和侧面。女性身体有起伏的曲线。另一方面，面料是平面的，当我们用面料覆盖了女性的身体，我们需要依靠接缝线和省道来塑造体型。其他的细节表现手法，如堆积、褶皱、悬垂和松弛，也可以起同样的作用。

通常，学生会问，在塑造身体时，到底哪条接缝线和省道才是正确的，而问题的答案是有无数种方法。设计师的选择往往基于他们期望呈现的效果。

如果学习服装裁制多年，我们可以肯定，接缝线与省道的选择通常是基于那个时代独特的轮廓表现。

如果我们研究20世纪30年代的斜裁服饰，尤其是Madeline Vionnet的那些围绕着身体的斜缝，我们可以看出他是怎样夸张呈现女性身体的。

在20世纪50年代，人们强调剪裁合身，腰围很小。通过研究Christian Dior，Jacques Fath和Charles James等著名设计师的作品，我们可以看到许多接缝线与省道，让面料从胸部延伸到腰部，并继续向下延伸，盖过臀部。请记住，腰部束带可以让腰围显得比自然的状态更小，衬裙可以保持住裙子的极端形状。面料通常被强调以进一步突出体型的轮廓。

在20世纪60年代，服装的轮廓变得更具有建筑风格。接缝和省道不仅用来保持这种形状，而且经常是装饰性的。接缝的缝线被缝在外面，来使体型轮廓更加明显。Balenciaga、Givenchy、Courreges和Ungaro等设计师，更是为此提供了无数种可能性。

在世纪之交，紧身衣和束身褡成为了一种非常时尚的外轮廓。缝合处不仅用来塑造胸线和臀部的轮廓，而且插入骨线来保持形状的延拓和夸张。无数的设计师尝试过使用曾经只是穿在里面的紧身胸衣和束身衣，来为服装塑造轮廓。Jean paul Gaultier为歌手Madonna设计的前卫服装，是这种狂热倾向的开始。Gucci的Christian Lacroix、Azzedine Alaia、Versace、Tom Ford、Dolee和Gabanna在他们设计的很多系列时装中都采用了紧身胸衣。

通过不断光顾百货商店研究服装，以及研究杂志、书籍和博物馆的展览，你将获得关于接缝和省道的大量知识。Alexander McQueen、Chanel的 Karl Lagerfeld、Valentino、John Galliano、Marc Jacobs和Prada等设计师，都经常借鉴过去的建筑理念，并将其付诸实践。

接缝线和省道——塑造身形

1 注意观察女性身体的平面，胸部向外凸出，胸部至腰部向内凹，腰部向下从臀部向外凸出。

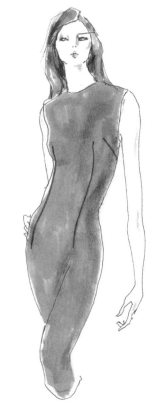

省道将面料最夸张的部分缝合，逐渐变细到消失

2 省道是塑造身形的方法之一。注意身体侧面。

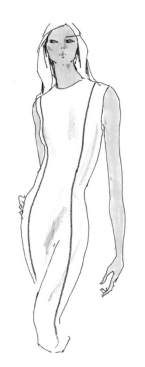
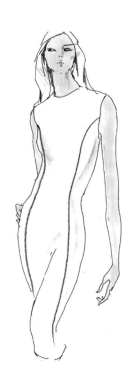

3 公主线可以从肩膀或胸线开始，让面料与胸部上下相称，并且收腰，有时会到下摆。

Vionnet 1932

Charles James 1952

Balenciaga 1960

Givenchy 1962

Norell 1968

Azzedine Alaia
1987

Valentino 1999

Chanel 2000

Versace 2003

20世纪60年代，缝线成为了当代设计
艺术的灵感

Marc Jacobs 2003

传统贴身省道

省道的塑形创意也是千变万化的

公主线的变化

缝线的变化

确定接缝线和省道

　　切记，身体线条都不是直线，而是凹凸的弧线。确保所有的线条都是略微弯曲的。我们总是从前中线开始绘制，而不是从侧面。在正面视图中，假设两侧的尺寸都是一样的，细节将对称位于前中线的两侧。当时装人体转身时，会失去转离一面的部分细节。

1 从标示出前中线开始，在时装人体离你近的一面外侧画出接缝线、省道，或其他任何设计细节，在草稿上标出这些细节与前中线的距离。

2 在前中线转离的一面标出这些计算结果，现在你有了接缝线、省道或其他细节的精确位置。注意，在转离的一面会失去一些细节，比如公主线。你可以从图中夹克上的箭头看出，在这个角度公主线显示不出来。

3 这便是在转身的时装人体服装上确定细节位置的方法，在一张新马克纸上按草图描画下来，并涂色以及加上明暗效果。

Nicolas Ghesquiere/Balenciaga

有趣的接缝线将创造出美丽的形态

水彩、彩铅

第 11 章

如何观察和规划时装人体

设计师和所有助手， 以及与他们共同工作的专家们，在时装展之前要花费数月的时间进行准备，付出艰苦的劳动。一名艺术家和设计师，以时装作品、时装项目和时装组合等等作为个人展览品，所以每一幅作品在形成过程中所经历的思考都是一样的。很多时候，构思一件作品，比实际绘画要花费更多的时间。构思得越成熟，绘画越顺利。如果仔细想想就会知道，模特在 T 台上走一圈只需要几分钟，但是背后的设计工作往往花费数月，所以，最不妥的事情就是，在毫无准备的情况下开始绘画。你准备得越充分，画得就会越成功。

作为一名艺术家，你只能依靠自己的品位、知识和能力，因此，最重要的是不断地寻找和研究最好的时装典范。要特别注意，不要把你的个人感情投入其中——要客观。请记住，你不一定需要穿这些衣服，但你必须明白，它们是如何设计出来的，为什么被制造出来，以及它们为什么被这个世界接受。

去你可以找到的最好的商店，研究名牌时装。重要的是，你要观察那些最精美的服装，因为随着价格的下降，衣服的样式也会相应地传播开来。当你观察了最好的服饰之后，你会发现随着价格的下降服饰外观也发生变化——哪些设计被保留了下来，哪些被改变了。尽可能地参与任何重要的服装展，并阅读新旧时尚出版物，阅读和研究关于设计师的书籍。在网上观看时装秀，保持紧凑的日程，让自己尽可能拥有最前沿的时尚素养，这会让你的作品更特别。

一幅时装插画所代表的不仅仅是一件衣服，而是一个在特定的时间和地点出现的特定的女性。

因此，当你越来越擅长绘制时装人体的时候，你就会想把这个笼统的人物塑造成一个更具体的人。

想象一下，作为一个设计师，你可以访问所有不同的模特经纪公司，你会选择谁？她会留一头乌黑的短发还是一头卷曲的金发？妆容的特点是什么呢？深色的眼睛，苍白的嘴唇，还是自然的妆容？

什么肤色最适合这种设计？模特身体的哪一部位对于成功提升整个设计是最重要和必不可少的？她应该有足够长的腿来穿超短裙吗？或者她应该有一个长长的脖子来衬托超大的罩式领口吗？在开始任何一件衣服的绘制之前，研究和分析都是极其重要的。

- 谁会穿上它？
- 会在哪里穿上它？
- 姿势展示出什么样的态度？
- 脸上的表情会是什么样的？
- 何种媒材能够最好地体现设计与制作？

现在，浏览你的参考照片，找出你需要的与你的设计相似的服饰照片，这样你就可以研究面料下垂的表现方式了。

姿势应该是简单的，绝不应减损设计。避免任何复杂的姿势——它们很少起作用，而且常常会出现错误。

请记住，一张照片代表的是摄影师的视角，并不总是能转化为一幅好的画作。

Calvin Klein 1995

接下来，列出你准备绘制的时装设计中最重要的部分。它应该是绝对最重要的——无论是形状、颜色、面料，还是某个非常重要的设计元素，比如大腰带、大口袋或很多纽扣。如果去掉这些元素，时装的风格就会发生剧烈改变。

Calvin Klein 吊带裙的姿势设计并不难，因为只有一个主要的设计元素——裙子的外形，以及它如何紧贴身体。蕾丝细节居于第二位，因为即使它被移除，裙子依然保持其造型外观。

摆弄你手中的布样，这样你就能感受到它的实际感觉，以及它们将如何在你的设计当中恰当地发挥作用。

把设计师、个性人物和其他任何可能激发你灵感的东西的照片放在办公桌上，或者挂在办公桌前的墙上。当你工作时，身边有灵感（无论是时尚或非时尚），会对你的设计或插画产生积极的影响。

最伟大的设计师，是那些在设计他们的系列作品之前能够获得灵感并做研究的人。Yves Saint Laurent 的灵感来自于民族艺术服饰和男装，Alexander McQueen 的灵感来自于艺术、文化和精神，John Galliano 在创作他的系列作品之前研究过艺术与历史。

研究 Kenneth Paul Block 和 Antonio 等伟大时装插画家的作品，了解他们的技术，练习大量的动态速写，来为你的积累加入感觉与态度。

密切注意你手部的动作。因为这将有助于你提升用线的质量。如果你描绘的裙子是缎子做的，那么动作会缓慢而圆润，如果是一件塔夫绸的裙子，你的动作会更快、更锐利。紧身斜纹剪裁的礼服会让你的插画人物手部更靠近身体，彰显出身体对衣服的支撑。缓慢的运笔动作将表明在绘制一种感性的面料，如双绉。一件带有褶边的吉普赛人连衣裙，颜色鲜艳，图案艳丽，会让你的动作更快、更活泼，再次表明了与服饰面料相适宜的线条质量的重要性。把玩体会这些有"态度"的草稿，从而进入最好的接近艺术创作的工作状态。

最后一个元素是面部，妆容、发型和配饰也要考虑在内。画几个草图来确定眼睛和嘴唇的比例，是眼睛颜色深，嘴唇颜色苍白？还是嘴唇颜色浓，眼睛颜色浅？抑或眼睛与嘴唇的颜色在表现力上同等重要？皮肤与头发的颜色也要考虑在内。

请记住，绘画必须展示出服装的最佳优点。最重要的是，在完成这件作品之前，在稿纸上做好所有的计划，在计划的同时进行绘画几乎是不可能的，构思是智力活动，是关于服装的真实呈现，而绘画是情感的回应，我们想在这件衣服上感受到什么——它传达了一种创想。

我们研究 Christian Lacroix 设计的礼服时，可以发现许多重要的元素：礼服本身的轮廓，通过紧身衣来呈现身形，并在裙子处展开巨大的体量，许多设计细节，如紧身胸衣、臀部的下垂宽松，以及袖子的处理。

把所有元素，按照你想要关注的重要性的顺序写下来。通常会有很多可能性，且都是正确的。除非有着个人特意的选择，如果胸衣是主要关注点，那就注意胸衣，特别注意胸部与肩膀的表现。如果臀部对你是重要的，那么腰部和臀部都可以稍微夸张一点儿表现，如果大跨度的裙子是主要的焦点，可以把腿和裙子稍微拉长。时装艺术，应该总是具有夸张性的，但是，这样的"夸张"并不等同于比例的扭曲。

接下来的内容，应该是设计中的次要元素。这些当然也是很重要的元素，但是如果将其去掉，也不会对时装的感染力产生太大的影响。这些元素可能包括细肩带，口袋的细节，如纽扣、小蝴蝶结或窄腰带。

在下面的两种设计中，你将看到它们是怎样结合在一起的。

Lacroix 1997

　　首先，画一个非常夸张的服装轮廓，你会注意到以下情况：因为宽松袖子的缘故——这是主要的设计元素——我们需要一个可以通过一条或两条手臂的位置设定来突显这一元素的设计。因为窄小的下摆，腿必须紧密地并在一起，为了进一步强调这一点，一条腿可能要交叠在另一条腿的前面。由于裙子很窄，我们也必须保持苗条的身姿。强烈的颜色与印花也成为必不可少的元素。

在棕色外套上，我们必须考虑贴身上衣与"A"形线群的结构之间的关系。轮廓成为了主导，接下来应该是腰带，因为它是连接身体上下部分的重要设计元素。领口和纽扣对于设计的影响最小，如果少一组纽扣或一个小卷领，设计将基本上保持原有的精髓。

对于这件服装而言，会有更多手臂与腿部的变化。服装永远决定姿势，这一点必须率先考虑到。

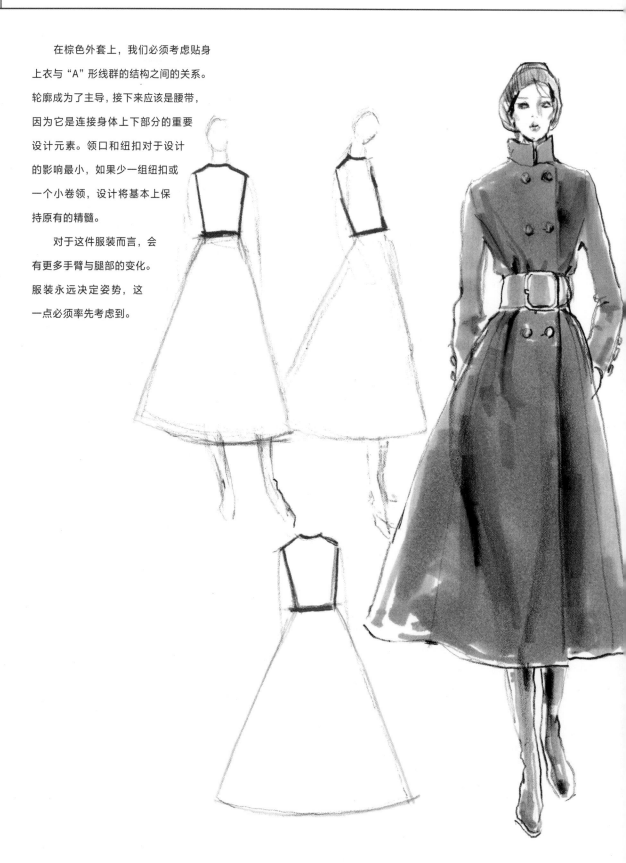

服装创造姿态

第一部分　插画时装人体

作为一名设计师和时尚艺术家，最重要的是，将这些因素全部在你的作品中考虑到。无论是穿着泳装的健美女性，还是穿着褶皱鸡尾酒裙的精致女性，或是穿着最前卫的皮革服装或是浪漫小说中的女主角，一幅美丽的图画中，将设计发挥到极致的最理想女性形象，是全部元素的完美结合。

不同的设计需要不同的姿态

20世纪50年代Trania-Norell
水彩和彩铅

第二部分

时装细节

The Fashion Details

2008 Alexander McQueen
蜡笔、彩铅、有色纸

第 12 章

典型时装轮廓

我们已经讨论过， 时装艺术是一种服装元素与人体艺术的结合——时装有自己的生命和形象，人体也有自己的生命和形象，当这二者融为一体，会发生以下两种情况之一：

1 身体超越衣服，占主导地位。

2 衣服超越身体，占主导地位。

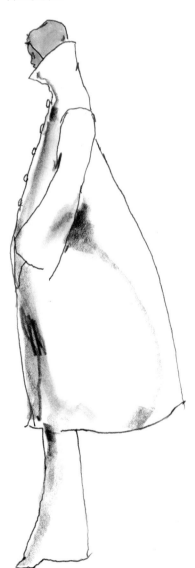

让我们想象一下，20 世纪 30 年代 Vionnet 设计的一件漂亮的斜裁礼服，注意它是如何从身体上下垂的，里面像是空的，却不会对身体与长裙有任何干扰。如果我们脱掉长裙，把它扔在地板上，它会堆在地上，只是一摊面料。所有的建构与细节都是为了提高衣服与身体的贴合度，以及让衣服在没有任何内层结构的身体上完美合身而设计的结果。我们可以假设身体在对衣服的外观发号施令，或者说身体超越衣服，占主导地位。

现在，让我们想象一下，这件 Balenciaga 蓬蓬裙的高腰线将衣服提起，裙子完全脱离了身体，垂落在地板上。

设计、材质、剪裁和基础结构在"指挥"这件衣服。我们可以假设身体在此时只充当衣架，衣服本身塑造了自己的形状，可以说衣服超越身体，占据主导地位。

从 Vionnet 到 Balenciaga，这些晚礼服代表了两种完全不同的视角——每位设计师都选取了自己信奉的不同的美。他们对衣服和身体的理解不同，但是每个人都获得了优异的理想效果。

我们不是在暗示身体对于 Balenciaga 设计的长裙不重要，因此它应该被忽略，与之相反，它甚至变得更重要。因为我们在服装下面看不到它，解剖学的知识变得更加重要了。你必须开始在身体和衣服之间的关系上做出抉择。这是时装

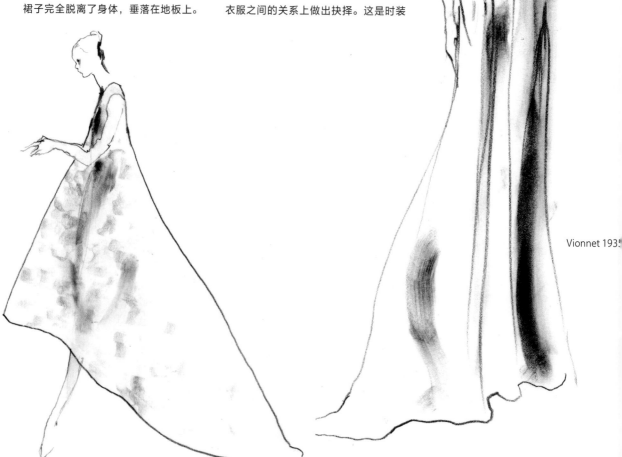

Vionnet 1935

Balenciaga 1958

艺术最重要的部分之一，想要掌握好，需要大量的时间、知识以及实践积累。

有时，身体与服装的关系会更加趋于平衡。让我们想象一下，一件夹克衫与一条瘦裤子，如果分析这个组合，你会发现，夹克衫与裤子的组合关系是平衡的。大多数的当代服装——尤其是运动外套——拥有此种平衡的关系。人体的一些部位决定了夹克衫的样式，而夹克衫的宽松则隐藏了一些人体部位。开始时，分别绘制人体和夹克衫是可以的，但是随着绘画技术的提高，尽量将服饰和人体看作一个整体来绘制。这样有助于绘制难度更大的时装轮廓。

对于一个时装轮廓的定义，反映了我们如何看待服装的轮廓或外部形状。然而，没有一些内部构造的存在（例如，缝线、褶皱、省道），外部是什么都不会发生的。记住这一点也很重要，就像你在平面图中看到的公主裙轮廓一样，每一种轮廓都可以有无数种变化的可能性。

设计师和时装在被观看时的状态，决定了在特定时刻的轮廓实际的形态。接下来，我们将看到一些主要的时装轮廓。

各式各样的公主裙轮廓

公主线可以很贴近身体，也可以在下摆处很丰满。

转折可以高于腰部也可以正好位于腰部。

可以有一道下凹线，看起来很硬，或者可以是流动的透明面料。

可以是迷你裙，也可以是拖地裙，甚至是束腰外衣。

衬衫

这个轮廓从肩膀垂直向下。20 世纪 50 年代末，Balenciaga 和 Givenchy 大力推广了这种款式。

Geoffrey Beene 1983
彩铅、马克笔和眼影

楔形褂子

这是一种由上向下，直至下摆，逐渐变窄的衬衫轮廓。

Givenchy 1957
彩铅和马克笔

袋状或桶状大衣

这个轮廓的线条是宽松的，腰部不与身体贴合，在下摆处接触身体。是由 Balenciaga 设计的一个重要板型。

Balenciaga 1955
彩铅和马克笔

梯形轮廓

这是一个突出在下摆的轮廓，基本不与身体贴合。

Yves Saint laurent 与这个板型有着密切的关系。

Saint Laurent 1958
彩铅、丙烯、提白笔、有色纸

帐篷式连衣裙

这是一个比梯形轮廓更饱满、柔软且更具有流动性的轮廓。这个形状来自于 Claire McLardell。1938 年，一家服装制造商称这种款式为"没有后，没有前，没有腰围，没有胸省道的裙子"。

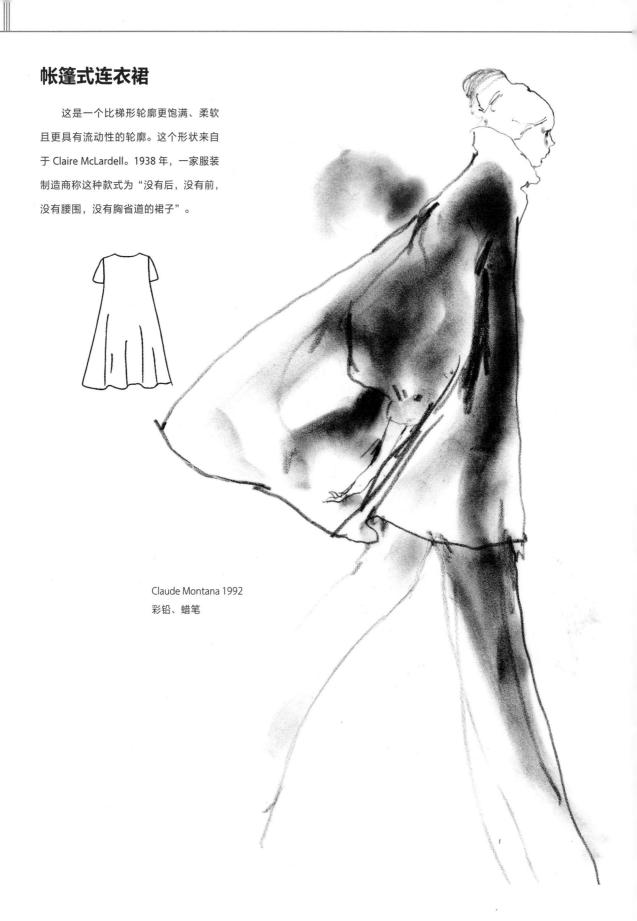

Claude Montana 1992
彩铅、蜡笔

A字形裙

　　这是一个很流行的裙型，指的是"从肩膀垂下来，在裙摆处突出的裙子形状"。

　　1955 年 Dior 为这个轮廓命名。

Courreges 1969
马克笔、彩铅

鞘形裙

这是一种通过省道或接缝线来配合身体的轮廓。它是 20 世纪 50 年代非常流行的款式。

Norman Norell
标志性外观 马克笔、钢笔、提白笔、眼影

帝国装

这是一个缝线在胸线下面的轮廓,可以追溯到19世纪早期的约瑟芬皇后。有时也被称为"高腰裙"。

Rudi Gernreich 1964
钢笔、马克笔、彩铅

下坠腰围装

这种轮廓的腰线缝在臀部和臀部以下，这是 20 世纪 20 年代非常流行的款式。

Balenciaga 1960
彩铅、马克笔

公主线装

这种轮廓的形状是由一条从胸线或肩部弯曲并一直延伸到下摆的缝线控制的。

它还有一种形式，缝线从肩线中部开始直降到下摆，可以塑造胸部和腰部之间的身体形状，并且可以在裙摆处产生任意程度的饱满体量。

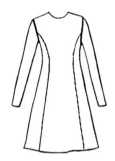

Saint Laurent 1964
蜡笔、彩铅、有色纸

泡泡装、后宫式或蓬蓬裙

这是一种裙摆聚集到底层结构的轮廓，这种款式可以用来搭配裤子、连衣裙和晚装。

在 20 世纪 50 年代末，Balenciaga 和 Givenchy 让这种风格流行起来。

这种轮廓的变体包括世纪之交的 Poiret 设计的蹒跚裙，以及 20 世纪 80 年代的 Ungaro 和 Lacroix 设计的蓬松短裙。

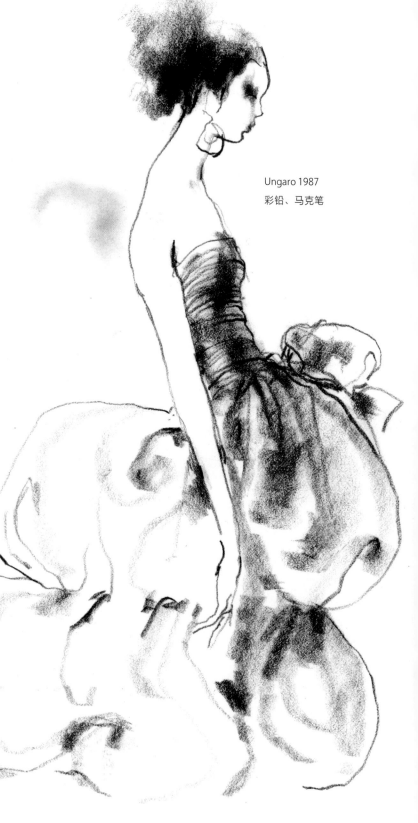

Ungaro 1987
彩铅、马克笔

宽松式束腰女装

这种女装在裙子或饰带上拥有多余面料，在一件连衣裙中，多余面料的产生可以通过附加、放松、打褶或内收褶来实现。在两件套的短上衣中，可以通过使用松紧带或拉绳来实现，打碎褶或者褶裥在单独或者系上的衣袋也可以设计出来。

Galanos 1974
彩铅、钢笔

衬衫式连衣裙

这是一种带有衬衫细节的连衣裙。从腰部以上到下摆的任何地方都可以扣扣子，身型可以是纤细的，也可以是丰满的。可以有腰线，也可以没有。Gibson 女孩的形象使这种风格在 19 世纪 90 年代流行起来。

Halston 1972
彩铅、马克笔

束腰外衣

　　这是两件装的时装轮廓。上身的底
边可以从臀部区域的任意位置一直延伸
到下身的底边。

Saint Laurent 1962
彩铅、马克笔

腰部装饰短裙套装

　　这种轮廓在衣服的腰围处张开一个喇叭形部分。

　　1947 年，Dior 的新风貌运动给这个轮廓带来很大影响。

Dior 1950
彩铅、马克笔

土耳其长袍

这是一种长可及地的长袍，有时在领口开衩。长袍是套头穿戴的，这种影响来自于摩洛哥和北非的其他国家，可以用刺绣来做装饰。

如前文所述，你必须熟悉许多主要的时尚轮廓。这些轮廓被今天的设计师使用——有时是单独使用，有时与其他轮廓结合使用。时尚艺术家不仅要了解当代的时装轮廓，而且还要了解过去使用过的时装轮廓，因为这些轮廓是我们设计取材的不竭源泉。

Oscar de la Renta/
Balmain 1997
彩铅、马克笔

Halston 1976
丙烯、彩铅、有色纸

第 13 章

领口

领口是绘制起来最简单的衣服细节之

一，然而我们不应只因其绘制简单而低估它，因为它直接位于头部下方，
在衬托面部效果时显得尤为重要。

与领圈不同，领口是一个整体，通常没有额外的部分，往往呈现包边或贴边的形态。"包边"是一块形状与衣服外缘轮廓一致的面料——这就是领口。包边的正面被缝到衣服的正面，然后被剪裁，转向内侧，这样可以让颈部边缘有一个干净的装饰效果。为了提高领口的形态感，在用线缝领口时，可以是单排缝线，或多排缝线，抑或各式各样的饰条。另一种制作领口的方法是采用 斜叠边。叠边是斜条，首先缝在领口正面，然后折叠回缝头，最后又缝在反面，从而在领口的外边缘形成一个叠边。斜叠边可以采用相同或者相对的面料或色彩，也可以采用多种不同的宽度。

领口的前部或者后部通常有一个开衩，或在恤衫、夹克、女式衬衫上有一个开襟，这是时装设计的一部分。

领口

斜裁滚边

绘制领口

在绘制领口的时候，你必须意识到，它的形状是完全围绕着脖子的，同时也与肩膀和胸部区域相关联。你可以从颈部的扭转和脖子侧面看出来，领口的后面要比前面高。

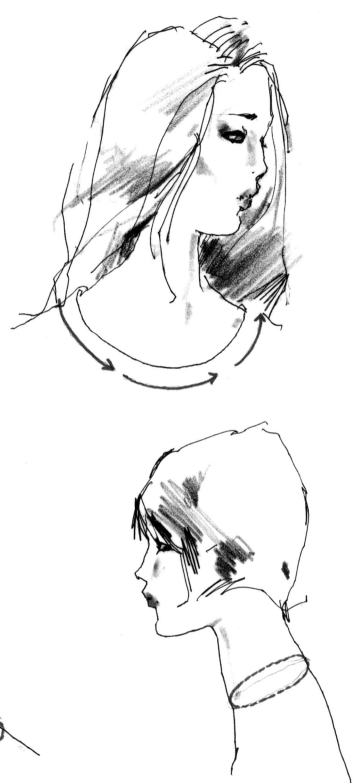

扭转的视角

侧面视角

有一些领口，比如珠宝（或圆形）领口，非常贴合颈部轮廓，勺形领口开口到胸部区域，漏斗形领口延伸到脖子上。无论如何，在绘制领口时，一定要让领口在脖子上形成环绕状态，并将面料的重量感表现出来。

珠宝领口

勺形领口

漏斗形领口

绘制领口

绘制领口的第一步，是确定前中线。如果前中线有哪怕一丁点的偏差，整体的形状都将是不正确的。

从四分之三侧身角度去看，离你较远一侧的领口线条较短，而靠近你的一侧领口线较长。这条规则不适用于不对称领口。还需注意，前中线是如何随时装人体的变化而发生变化的。

建立前中线   围绕脖子的环形部分会决定所需面料的类型

绘制领口

1 首先，画一条虚线表示颈部的圆柱形状。

2 从颈肩交接处画到前中线，再从前中线画到另外一侧的颈肩交接处，画出领口的形状。

3-4 如果你一步到位地把领口从脖子的一侧画到另一侧，透视关系很可能是不准确的。通过在前中线处停顿再继续画，可以确保更大的准确性。这一点在"V"字形领口上体现得尤为明显。但是，这种错误也会悄悄出现在绘制简单的圆领时。

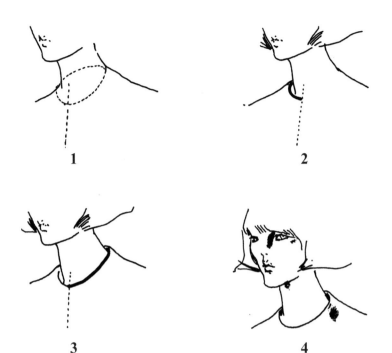

1   2

3   4

请记住，领口是非常明确的形状，所以要保持线条流畅——这里不适合使用任何"有趣"的线条。现在，添加刺绣、包边或者任何其他饰边或细节。

请记住，领口的原则不只适用于前面，也适用于后面。

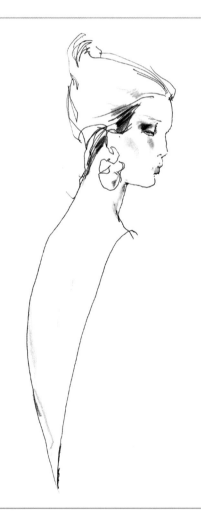

领口风格

圆形或珠宝形领口

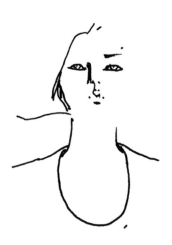

"U" 形领口

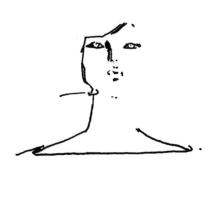

船形领口

方形领口

"V" 字领

鸡心领

锁孔圆领口

大圆领

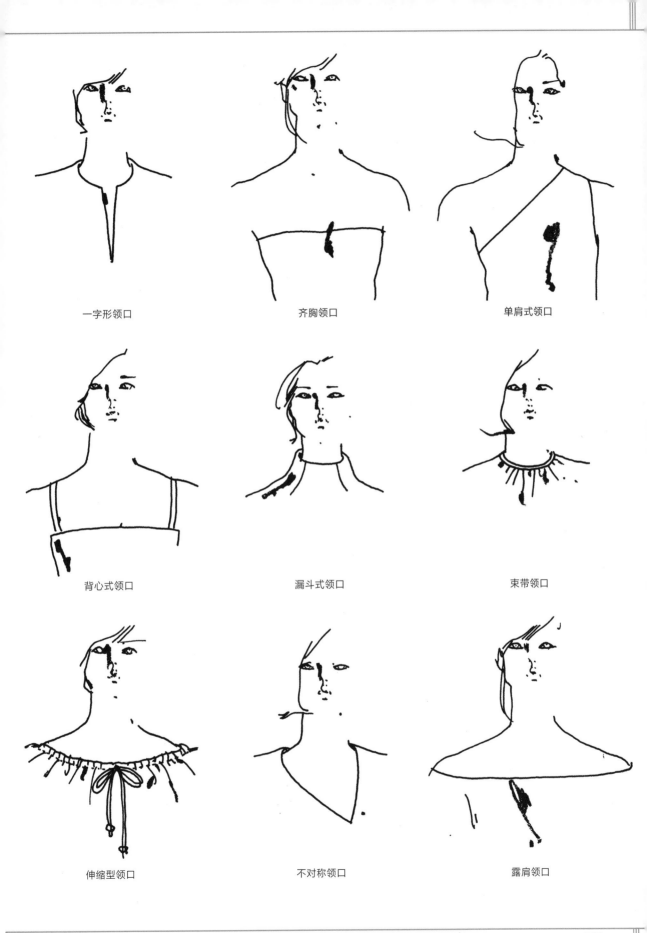

一字形领口   齐胸领口   单肩式领口

背心式领口   漏斗式领口   束带领口

伸缩型领口   不对称领口   露肩领口

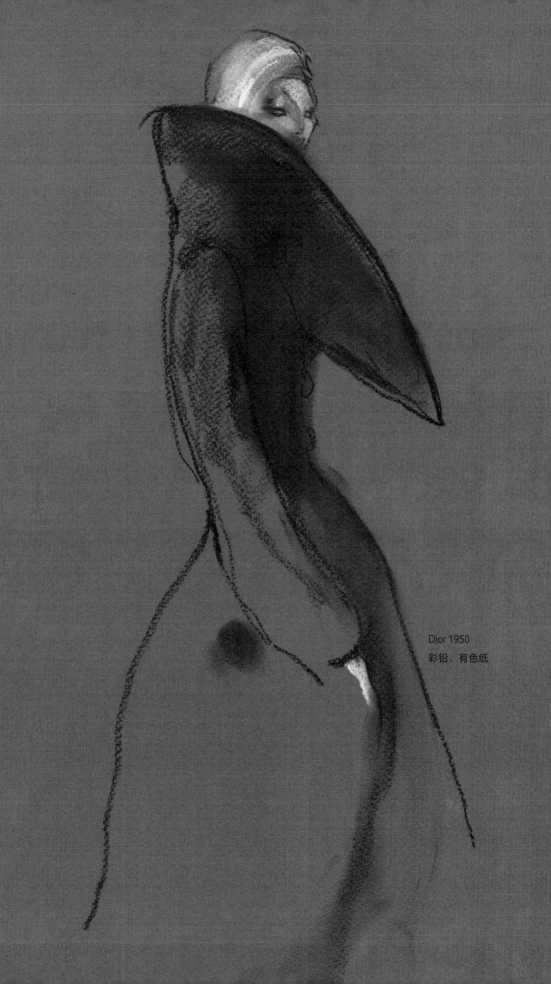

Dior 1950
彩铅、有色纸

第 14 章

领圈

领圈是环绕脖子的时装设计细节，

领圈的绘制十分重要，因为它衬托了脸部，是我们首先关注的设计元素之一。

　　领圈有各种尺寸，小到彼得潘式，大到露出肩膀，既可以是低而平的，又可以是高而豪华的。领圈也可以具有实际的功用——比如保暖——或者是衣服的奢华焦点。

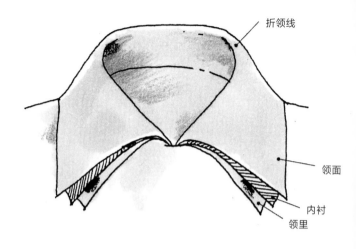

折领线

领面

内衬

领里

重要的是要知道，所有的领圈，无论大小和风格，都遵循共同的原则——几乎所有领圈都是由领面、内衬和领里组成。领面是我们从外面或上面看到的部分，内衬则是一层面料，用于加强领圈的硬度，给领圈主体造型。领里与服装大身相连，通常是斜裁的。当领面翻到领里，落在肩膀上时，靠近脖子的区域被称为"折领线"。因为领圈是自己"卷"起来的，所以领圈实际上有六层面料。

因为领边是向下朝向肩膀的，所以它会是先"直立起来"，之后再下翻。领圈的立度，是领口边缘与领口折领线之间的高度，它决定了领圈的垂线或折领线。

领圈依附于领口，可以是向上延伸（如中式立领），也可以是向下延伸（如衬衫领）。

大多数领圈是朝下的。

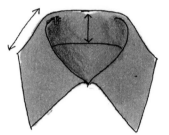

"翻卷"的领圈

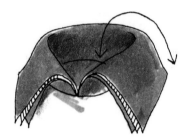

当领圈翻折了，就形成了六层面料的形式

领圈的边缘

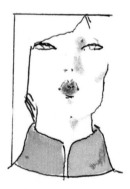

领圈可以向上

领圈可以朝下

根据面料的厚度，折线会呈现出不同的圆形。以下是一些不同类型的折领线和一些用于在折领线中产生出特殊圆度的面料例子：

- 质地优良且轻薄的面料，折领线很小，是环形的。能产生这种折领线的面料有：薄棉（如巴里纱和手帕亚麻布）和细丝绸（如双绉、查米里尤斯绉缎、绢、塔夫绸、蝉翼纱或欧根纱）。

- 在中等厚重的面料上，折领线的环形会变得有点高。能产生这种折领线的面料有：中等厚重的棉布，如平纹细布和格子布；薄的羊毛面料，如法兰绒和羊毛绉绸；中等厚重的亚麻布和稍厚重的丝绸，如缎子和双面横棱缎。

- 在较厚重的面料上，折领线的环形变得更大、更高。产生这种折领线的面料有：西服料和羊毛大衣料，法兰绒，花呢，中等重量的驼毛、灯芯绒和重量级的华达呢。

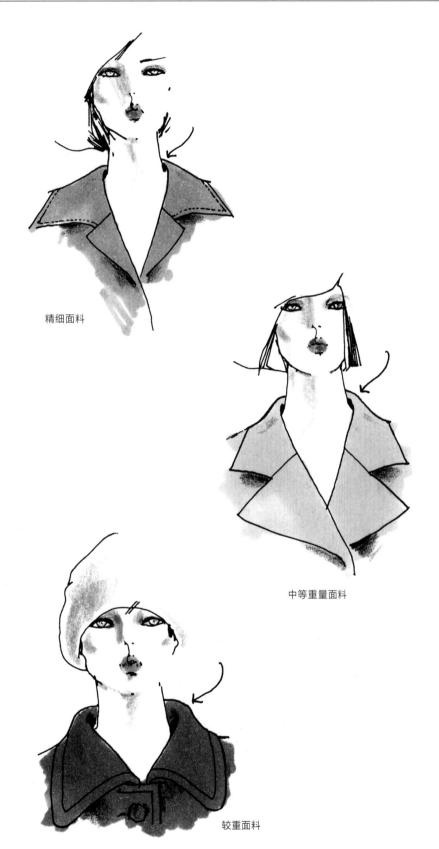

精细面料

中等重量面料

较重面料

- 在重量级涂层面料上，折领线采用更大和更圆的形状，能产生这种折领线的面料有：短剪假毛皮、绒毛面料、重量级梅尔顿布、马海毛和高质感或新奇的毛织品。此外，当你画绒头面料或人造毛面料时，环形不仅会变得更高大，而且会变得更深。

- 绘制真正的毛皮与绘制面料和人造毛皮遵循同样的原则，对于扁尾毛和海狸毛这样的扁平毛质，画出厚重的环形折领，绘制猞猁和狐狸的皮毛，环形折领会显得特别大、特别圆，几乎达到耳朵的高度。

绒头面料

短发毛

长发毛皮

接下来要考虑的是领圈和领口的关系。这种关系需要考虑以下原则：

- 领圈的形状越符合领口的形状，并且呈凹形，就越能紧贴着脖子，彼得潘领就是一个很好的例子。同样的原则也适用于向上抬高的领圈，比如中式衣领。高领毛衣是个例外，因为它通常是斜面剪裁的，斜面剪裁的弹性使得它与颈部很贴合。大多数时候，高领毛衣都是针织衫，这种针织衫的弹性能让它紧紧地贴着脖子。

- 当领圈的颈部边缘变直并呈凸形时，它就会开始远离颈部。当领圈变成一条直线时，它离脖子的距离会更大。

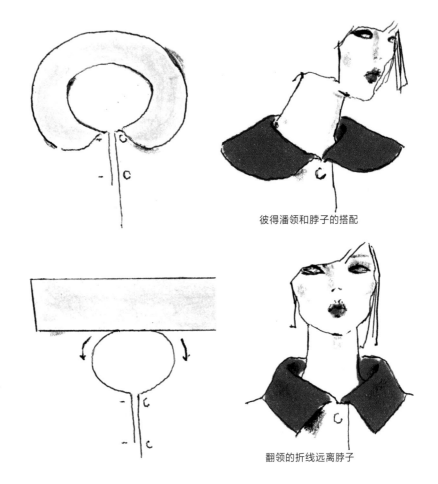

彼得潘领和脖子的搭配

翻领的折线远离脖子

条纹领

任何领圈都可以剪裁成直纹、十字纹或斜纹，也可以裁剪成斜角拼接领。

然而，这些不同的纹理线，在条纹领上是最明显的线条。斜裁的衣领具有最大的张力，因其漂亮的卷边线条而经常被设计师所选择。

在画条纹领圈的时候，注意条纹的角度在环绕脖子的时候是如何变化的。

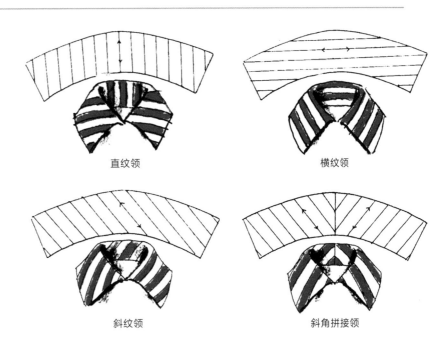

直纹领

横纹领

斜纹领

斜角拼接领

领圈的画法

　　在画领圈时，首先要考虑领圈并不在脖子上头，而是围绕在脖子上。

　　领圈可以从脖根往上延伸，也可以从脖子延伸到肩膀。确保你的绘画遵循肩膀和胸部区域的透视。此外，大多数衣领在前中线处会合，一定要特别注意，领子的前中线如果稍微有偏差，整个领子的绘制都会出差错。用一条从下巴到胸部区域的虚线标定前中线。为了确保精准，先画一半的领子到前中线，之后再画另一半，不要直接从一侧画到另一侧。这种画法可以使绘制的领圈成环形，而不是平整形。

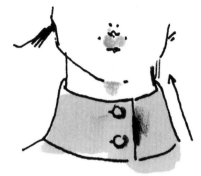

领圈可以是向上的

领圈可以是向下的

领圈是围绕脖子的

大多数领圈是相交于前中线的

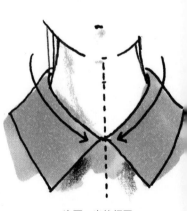

一次画一半的领圈

请记住，在半侧身或四分之三侧身视图中，转离你的那一部分身体领圈更小。

在侧面视图中，大致只需要画出领圈的一半。但是，一定要确保你的画表现出了领圈绕过肩膀转向后背的动势。

保持领圈和缝合线条的光滑和整洁，任何扭曲的线条都会让它看起来皱巴巴的。但是，你可以在位于胸部的领口下方以及与颈部接触的区域涂上重色。

非对称领圈也遵循上述原理只是两侧领圈不对等。

为了实际积累经验，观察时装杂志和网络上的时装，揣摩所有不同类型领圈的概念。当你看到一个领圈有着不同的或独特的设计细节，从逻辑上分析其结构。另外，在你扔掉旧时装杂志之前，用马克笔在每一个领圈上描一描，你会发现，你开始学会从不同的角度去看待它。这是一个很好的练习，也适用于袖子、领口等其他时装细节。

领圈半侧身视图

领圈侧身视图

重色调衬托出领圈

不对称领圈

领圈款式

高翻领

单层翻领

有束带的衬衫领

青果领

翼领

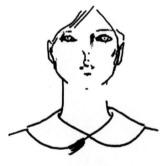

彼得潘领

开襟领

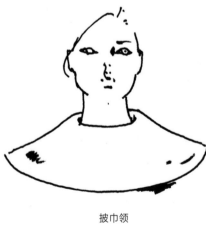

披巾领

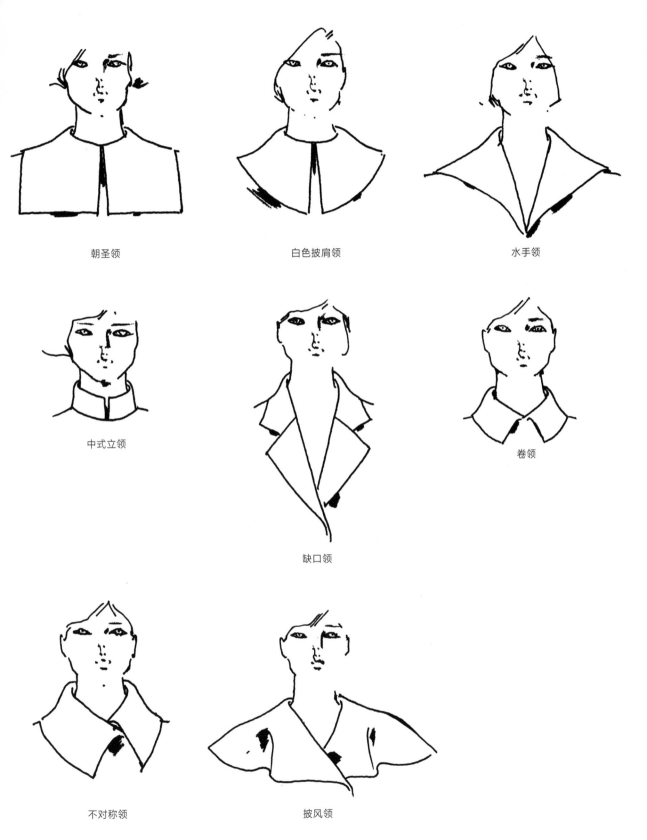

朝圣领

白色披肩领

水手领

中式立领

缺口领

卷领

不对称领

披风领

Ungaro 1988
彩铅、蜡笔、有色纸

第 15 章

衣袖

每个时期的时装都有在视觉上舒适独特的衣袖和袖窿款式。例如，20 世纪 60 年代为我们呈现了小圆肩与高袖管的样式，而 20 世纪 80 年代则有着丰满的垫肩和袖山。然而，通过学习潜在的概念，并应用到所有衣袖风格当中，你会发现，当前的风尚永远不会让你落伍。理解衣袖的剪裁方式，宽松的衣袖以及紧身的衣袖，不仅会帮你更准确地绘制出它们，而且可以帮助你挑选出最实用的姿势。

衣袖是服装上包裹、围绕胳膊的一部分，它们可以像

Chanel 的夹克衣袖一样简单，也可以像 Ungaro 的长袍衣袖一样精致。

在画衣袖的时候，最重要的原则是：理解衣袖与手臂的关系。对于某些特定种类的衣袖，比如剪裁夹克，在手臂放松时，会呈现完美的笔直状态。但是，当手臂打弯或做运动时，衣袖就会形成褶皱。另外，露肩衬衫袖，当手臂伸展开时会是直的，但当手臂放松时则会形成褶皱。

Ungaro 1987

Chanel 1960

定制的西装型衣袖或装袖

1 定制的西装型衣袖，从袖窿处直接悬下来，并与袖窿之间有一条缝线。当手臂以一种放松的姿势下垂时，通常情况下，衣袖是没有多余褶皱的。通过研究一种衣袖的风格、衣袖的嵌接以及其与手臂的关系，你可以看到，袖山头被裁剪得足够高以匹配肩膀的肌肉。

2 上衣的袖窿在腋下和肩膀之间遵循手臂的自然形状。成排的针脚在面料上被拉出，使褶皱"缩小"，这样衣袖就能顺利地接入袖窿。这一点，以及肘部的放松，使手臂可以自如活动，且使袖子保持笔直。

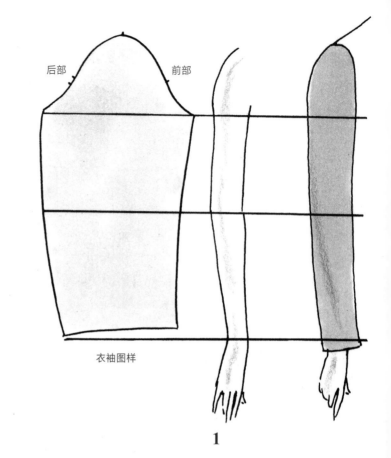

衣袖图样

1

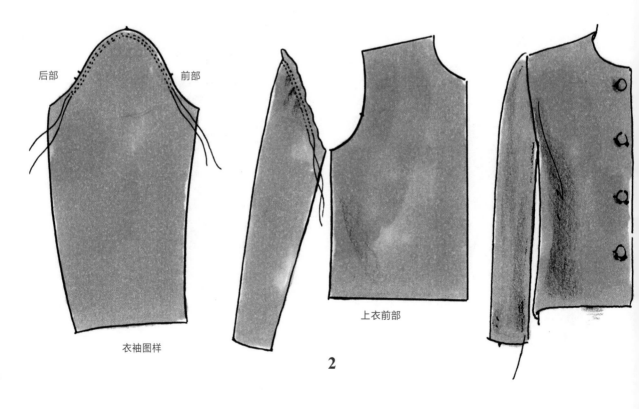

衣袖图样　　　　上衣前部

2

3 有时候，夹克和外套的袖子被裁剪成两片袖，在靠近背部的地方，有一条与手臂的自然曲线相一致的接缝线，并且在内侧也有一条与手臂自然曲线相一致的接缝线。这种两件套由一个大袖片和一个小袖长组成。你可以看到衣袖的两片式样是如何完美地复制手臂悬垂的角度。

通常，在衣袖底边有一个附加部分，被称为"袂口"。在许多定制的西装中，这些附加部分实际上是不系纽扣的。然而，大多数时候，上面仍然缝着一些纽扣，只是为了好看。

4 垫肩不会改变袖子的任何原则。它们只是改变了衣袖的轮廓。将紧身装的肩缝加长，并对袖帽进行了调整，垫子填补了这个空间，并创造了一个挺括的肩部外观。

研究不同位置的套接衣袖的例子，了解不同的面料和设计如何改变衣袖的外观。这不仅能帮助你绘制出它们，还能帮助你理解它们如何发挥作用，提高一件衣服的表现力。

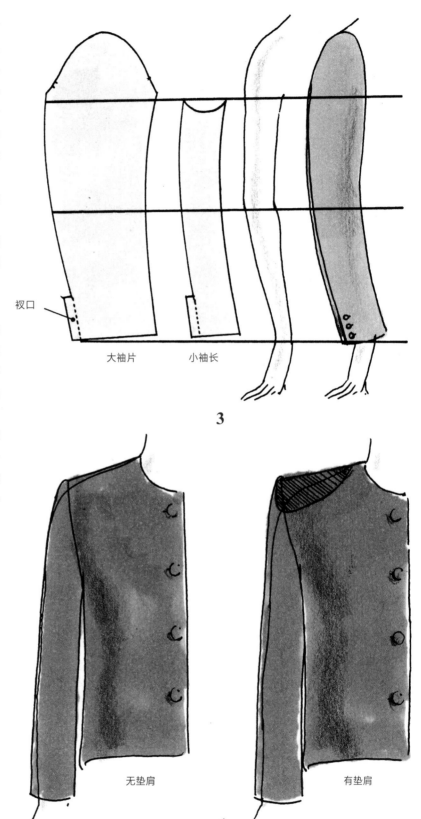

袂口

大袖片　　　小袖长

3

无垫肩　　　　　　　　有垫肩

4

绘制装袖

1 由袖帽和下落到肘部的线条画起，保持袖帽在肩膀上的顺畅。

2 在肘部，可以有一个温和的停顿，然后画出下臂衣袖的内侧线条，要注意体会面料是如何紧贴下臂的。

3 在绘制后肩部肌肉时，也会有一个轻微的停顿。但是肘部和手腕的线条应该很平顺。

4 与上臂的后部不同，注意面料与下臂后部是不接触的。绘制衣袖底边时注意包住手腕。

5 完成后的袖子应该看起来平滑，没有褶皱。

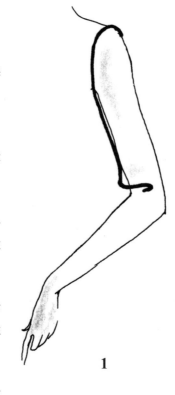

1

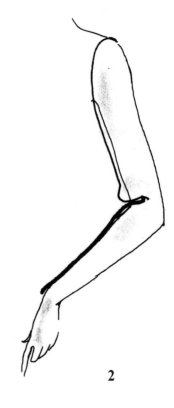

2

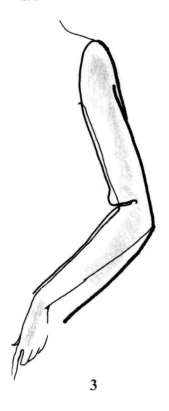

3

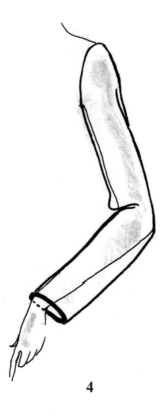

4

5

注意观察，当手臂处于自然状态时，剪裁好的袖子是平滑悬垂着的，当手臂开始运动时，就会形成褶皱。

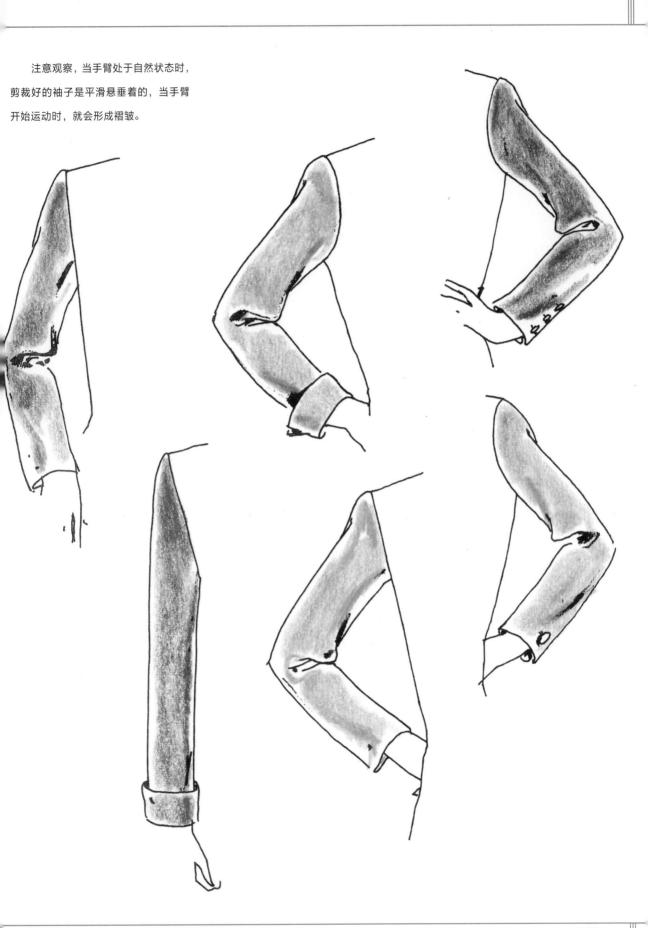

清爽式衣袖（垂肩袖）

有时候，褶皱的视觉效果是衣袖设计的一部分，必须在时装插画中绘出。这种类型的衣袖通常有较低的袖帽和较深的袖窿。袖窿与肩膀也有一定的角度，因为它没有靠在肩膀上，所以看起来好像"在往下掉"。这是一种垂肩袖或宽松袖。

这种衣袖常常出现在某些类型的衬衫上。当你研究这些衬衫是如何上身的，你会注意到袖窿更低，更宽松，看起来更舒适和放松。有时，设计可能会显得过大和夸张，手臂部分会有过多的面料。

当你将这种衣袖图样与手臂相比较时，你会发现，袖帽很浅，弧度稍低。因为袖帽的位置在肩部下方一点，没有定型。多余的面料会形成褶皱。这些折痕必须作为设计的一部分在画面上表现出来。

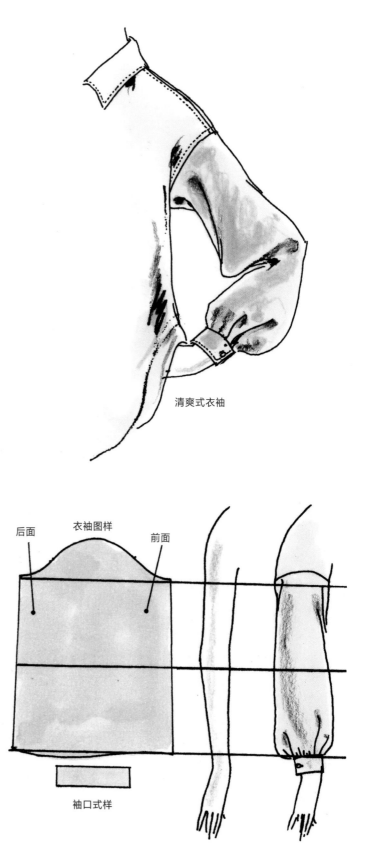

清爽式衣袖

后面　衣袖图样　前面

袖口式样

要注意衣袖与手臂之间的空间量。此外，在多余的面料开始堆积的下臂部位会形成一个轻微的"钩形"。手臂没有填满衣袖，袖窿也没有遵循肩膀的形态，因为没有任何身体的支撑，当手臂处于自然状态时，就会形成褶皱。请观察褶皱何时出现，又是如何在到达下臂部位时开始消失的。

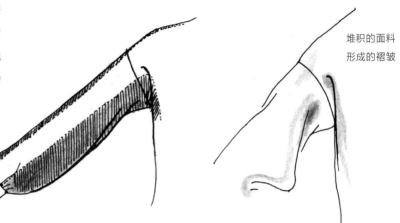

堆积的面料
形成的褶皱

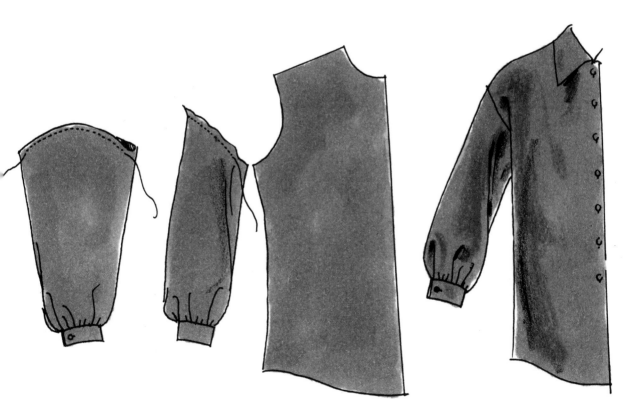

上衣前部

绘制清爽式衣袖

1 从袖窿绘制到肘部，注意画出褶皱，同时画出肘部柔和的褶皱。

2 面料落在前臂内侧直到袖口或衣袖底边，确保袖口或卷边包住手臂。

3 用平滑的线条把衣袖背部连起来，注意表现出堆积的面料是如何从肘部下垂的。

4 以褶皱或卷边收尾。

5 完成的清爽式衣袖应该具有优雅的流动感。

1

2

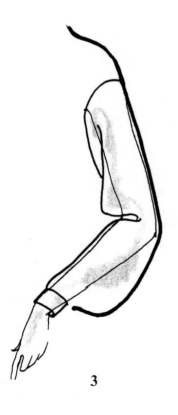

3

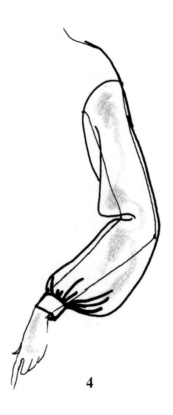

4

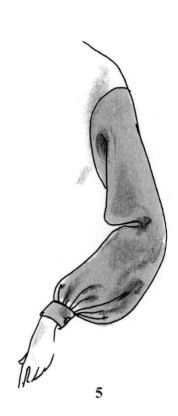

5

请记住，清爽式衣袖不一定要有袖口，衣袖底边可以是宽松的，也可以是逐渐收紧的。

注意手臂在不同位置褶痕的变化情况。

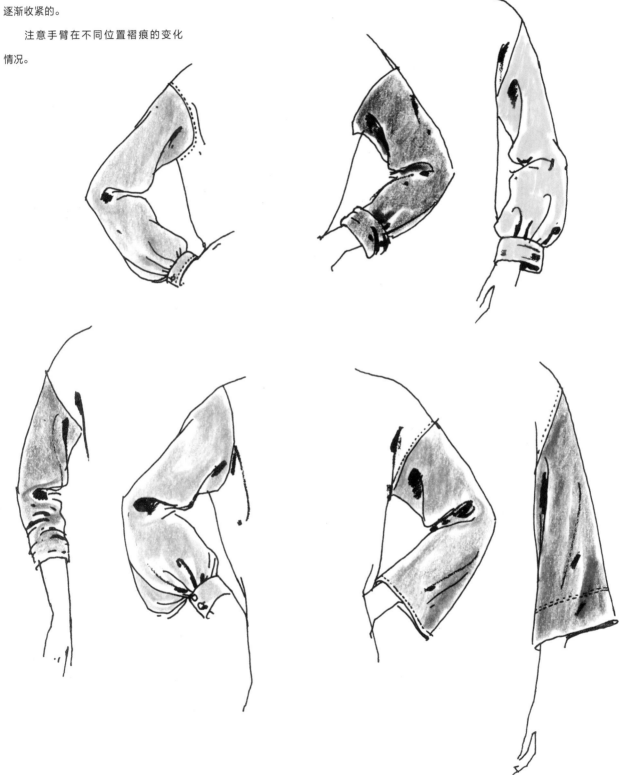

袖口和丰满度

衣袖也可以被集合或打褶成袖口，袖口是一块长方形的面料，用来收拢固定衣袖上多余的面料。在宽松的衣袖中，多余的面料被添加到袖筒纸样裁片的底部。宽松的衣袖，可以由两个褶裥的设计，用在简单的衬衫上，也可以由堆积面料的宽松袖设计，用在巨大夸张的新娘礼服上。

让我们检查一下纸样裁片和手臂的关系，注意衣袖的底部是如何显得更大又是怎样接入袖帽的。它显得越大，衣袖的体量就越大，也越丰满。观察纸样裁片的两边是如何倾斜的，这是为了适应手臂的曲线，也会给衣袖增加优雅的流动感。可以用碎褶或褶裥缝制一个袖口。褶裥的深度可深可浅，袖口的宽度可宽可窄，纽扣的数量可多可少。

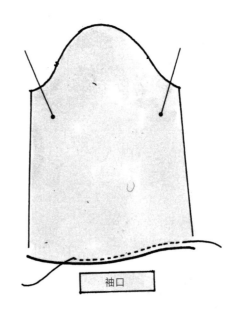

袖口

打褶

宽松袖

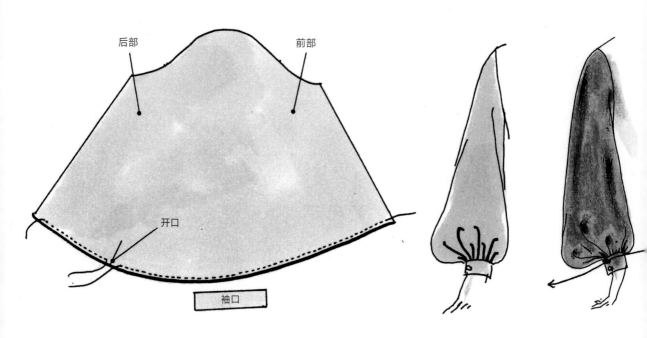

后部　前部

开口

袖口

特别宽松的袖型

袖帽和丰满度

衣袖的顶部和袖帽也可以打褶，这将为衣袖带来最大的体量与戏剧性，这种袖子一个最具代表性的例子就是灯笼袖。轻薄的丝绸、雪纺或乔其纱等柔软面料会落在上臂，又从手肘部散落。塔夫绸或蝉翼纱等较硬的面料会在手臂两侧创造出空间。

丰满的袖帽也可以到手腕处逐渐收紧，比如羊腿袖。

也可以在衣袖底边处加上纽扣和拉链。

请记住，不同的面料和剪裁会给整个衣袖带来丰满与收褶的不同视觉效果。

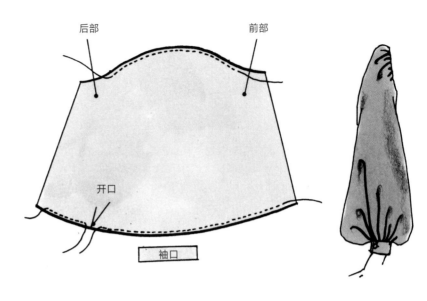

灯笼袖

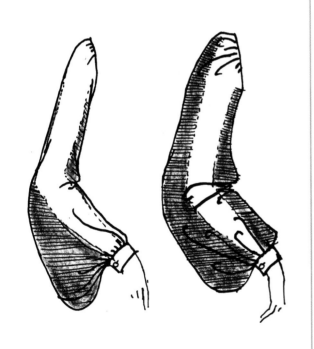

软面料衣袖　　　　硬面料衣袖

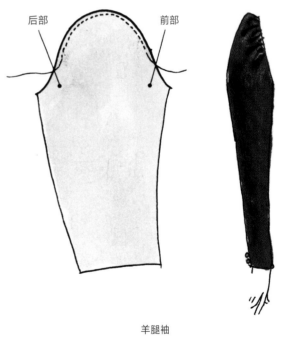

羊腿袖

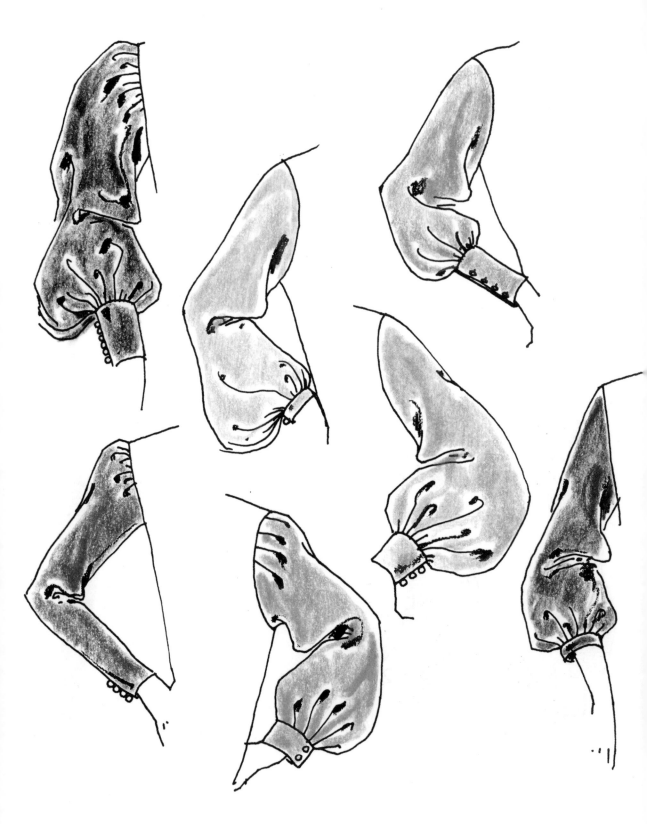

不同的面料与剪裁创造不同的视觉效果

插肩袖

插肩袖有一条斜线接缝线从下臂延伸到脖子区域。它有许多变体，从贴身到宽松，从袖口处打褶到卷边，插肩袖可以在肩膀处用省道或用外表面的缝线来帮助塑造肩膀的形状。观察不同的剪裁方式或面料对插肩袖外观的影响。

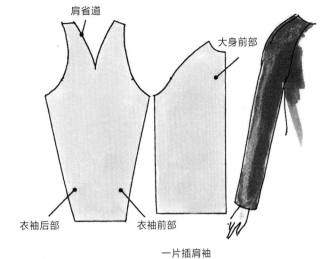

肩省道

大身前部

衣袖后部　衣袖前部

一片插肩袖

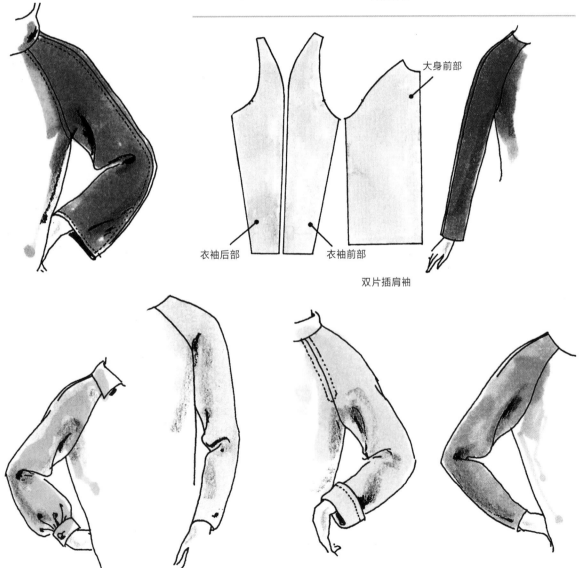

大身前部

衣袖后部　衣袖前部

双片插肩袖

与大身剪裁成一片的衣袖

有时，你会想画一个非常引人注目的袖子，在腋下呈现出很大的体量，但是没有袖窿缝。这种袖子的代表是德尔曼袖与和服，这种衣袖是与服装的大身剪裁成一体的。由于生产这种类型的袖子需要大量的面料，所以它们不像固定型、休闲型或插肩袖那样常见。另外，这种袖子的纸样裁片比较大，很难与其他纸样裁片搭配使用。

然而，如同清爽式衣袖，这种衣袖在手臂伸展开时，是呈现完美的垂直下落状态的。注意衣袖与手臂之间的巨大空间。当手臂下垂或弯曲时，衣袖会形成非常戏剧性的褶皱。同样，你会发现，当它们到达腋下时，褶皱几乎消失了，这些褶皱绝不会延伸到超过袖窿。

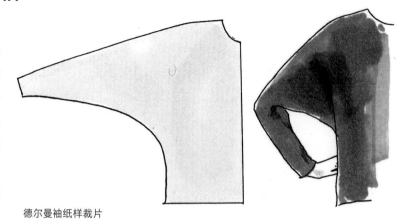

德尔曼袖纸样裁片

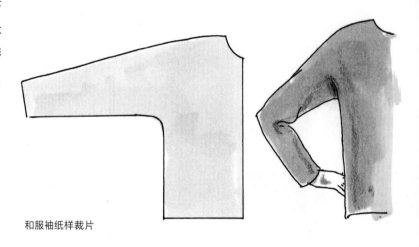

和服袖纸样裁片

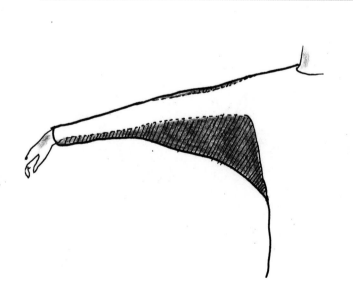

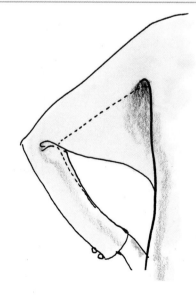

褶皱消失
在袖窿处

三角形面料

偶尔，你可能会想把衣袖与大身剪裁成一体，并且把腋窝位置剪裁得更高一些。如果不做适当的调整，这种衣袖就必须用弹性面料来制作，其他任何面料制作的衣袖都有可能在手臂移动时从接缝处被撕开。通过添加一个由菱形或矩形面料裁成的三角衣袖，可以避免这样的问题。在腋下或延伸到大身的位置，添加上三角衣袖，可以让手臂拥有充分的运动空间，不用添加任何面料便可以让腋下舒适与顺畅。这种式样叫"和服公主袖"。

研究这种衣袖在不同姿势下产生的各种褶纹。

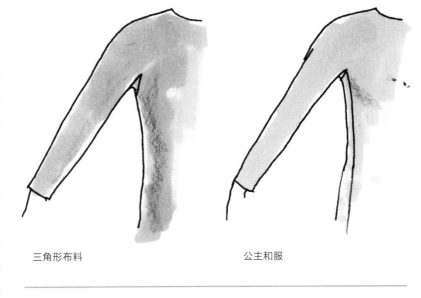

三角形布料   公主和服

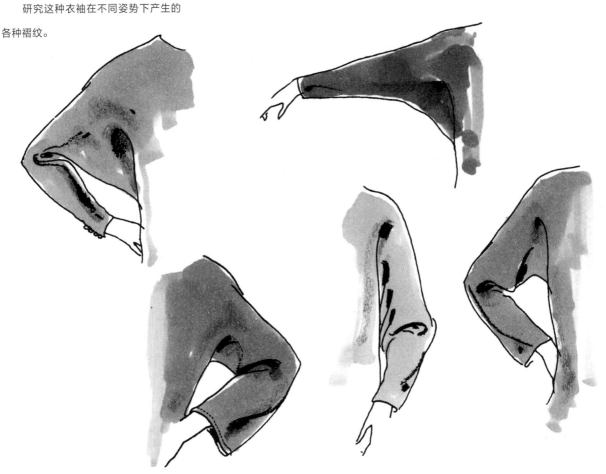

德尔曼与和服的多样变化

袖窿

　　袖窿是让手臂得以实现伸展的部分，也是衣袖与大身连接的地方。虽然袖窿呈曲线，但是在正面视图中，最好画成略微弯曲的直线，就像一个最轻微的括号一样。

　　在半侧身或四分之三侧身视图中，两袖窿在上半身所正对的方向是彼此平行的，呈轻微弯曲状态。请注意袖窿是如何从后背围过来的，请记住，在一个转身的时装人体中，乳房轮廓在袖窿的前面。

正面视图袖窿连接处略呈括号状

袖窿从后面围过来

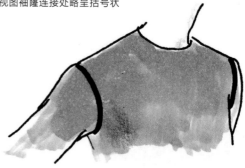

在半侧身视图中袖窿接缝线相互平行

注意身体的侧面

乳房轮廓在袖窿轮廓的前面

如何在手臂上绘制衣袖

让我们研究一下如何在手臂上绘制衣袖。当接缝在一起时，袖筒将成为圆筒形状，它覆盖着同样是圆柱体的手臂，形成了一个圆柱形的透视，给衣袖带来圆润和纵深的感觉。注意衣袖是如何包住手臂的，以及从肘部向上，每条褶边的透视线是如何向上弯曲的，从肘部向下，每条透视线条都呈向下的曲线。

然而，在弯曲的手臂上，衣袖的下摆也有可能形成向上的弯曲。从这个角度，可以稍微看到衣袖或袖口的里面。

在手臂的上半部分，衣袖面料在手臂外侧与手臂贴合，又从手臂的内侧与手臂产生距离。在手臂的下半部分，衣袖在内侧与手臂贴合，又在下方与肘部产生距离。

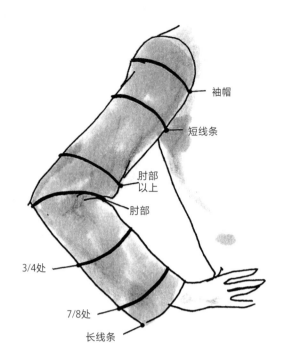

袖帽

短线条

肘部
以上

肘部

3/4处

7/8处

长线条

从肘部向上，每条褶边的透视线都向上弯曲从肘部向下，每条透视线条都呈向下的曲线

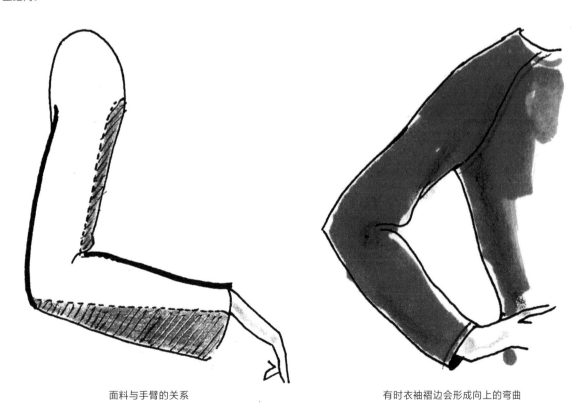

面料与手臂的关系

有时衣袖褶边会形成向上的弯曲

袖口边

在定制时装的衣袖中，衣袖的袖口边稍微向上，朝前弯曲，然后从侧面向下，倾斜到后面。此外，在宽松的袖口中，无论是平边还是褶边，从正面看都为方向向上的曲线，从侧面看都为方向向下的曲线。

现在，你已经了解了衣袖的基本概念，以及如何绘制它们。以此为基础，可以绘制的变体版本是无限的。你可以选择某种款式的顶部和另一种款式的底部——创建一个"德尔曼"的样式，收褶的插肩袖大衣，肩部下落式的和服，短的、蓬松的，四分之三规格的套装——可能性是无穷无尽的。

袖子款式

普通圆袖

盖肩袖

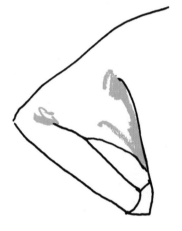

德尔曼袖

气球袖

泡泡袖

喇叭袖或钟形袖

主教秀

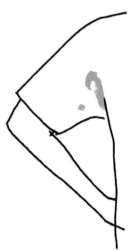

和服袖

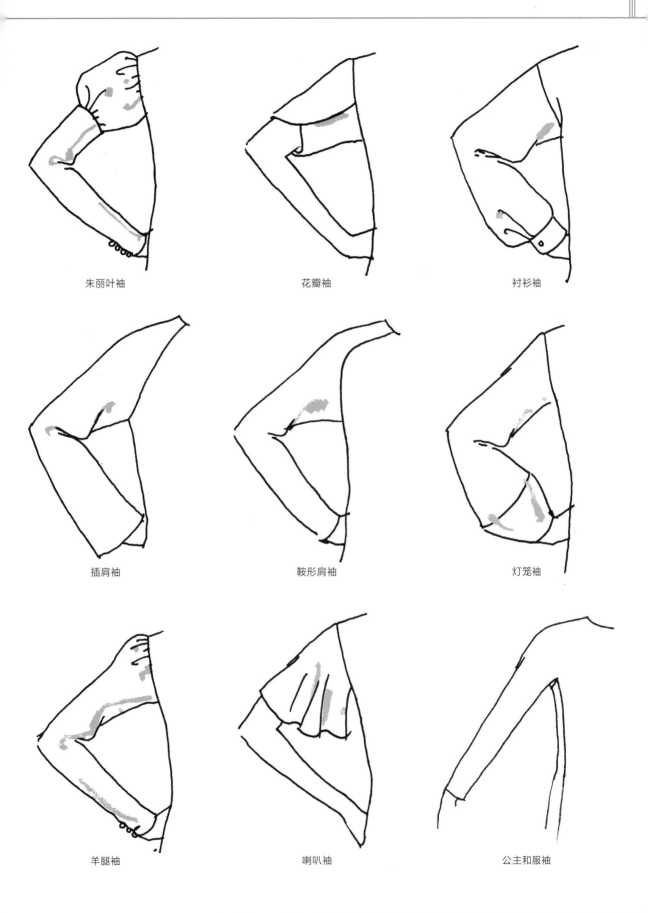

朱丽叶袖　　　　　　　　花瓣袖　　　　　　　　衬衫袖

插肩袖　　　　　　　　鞍形肩袖　　　　　　　　灯笼袖

羊腿袖　　　　　　　　喇叭袖　　　　　　　　公主和服袖

St. Laurent 2001

第 16 章

女式衬衫、恤衫和上衣

女式衬衫是上衣中的一个特别的款式，通常比恤衫要柔软，但二者在许多方面具有共同性，比如都可以系扣穿或者套头穿。一般而言，上衣基本上就是这两种服装中的一种。但是，考虑到本书的写作目的，我们将其归类为一种更休闲的上身服装。当然，衬衫和恤衫也包括修身的露背吊带上衣和单扣长背心。

女式衬衫、恤衫或上衣的合身程度会随着时代的潮流而变化。在 20 世纪 60 年代，紧身衬衫就像是"第二层皮肤"一样合身；在 20 世纪 80 年代，恤衫的尺寸都特别大，看起来大了好几号；在 20 世纪 90 年代，露肚脐的超短上衣是头号时尚单品。这一潮流在 21 世纪初达到顶峰，出现在包括运动服和晚礼服在内的各种服装上。

绘制恤衫

在绘制恤衫时，需要注意以下重要的细节：

- 肩轭，是衣服连接前后肩膀的部分，可以用平针、碎褶、或褶裥与大身相连。
- 平接缝，是在恤衫表面缝合后的针脚。
- 领座，是恤衫的领口上靠近领圈的部分，上面通常有纽扣，但在燕尾服风格的恤衫上采用领扣。此外，还可以是松紧带或连接领圈。
- 衬衫表带，通常是从衬衫的正前方向下延伸到下摆的镶边，上面通常有纽扣。

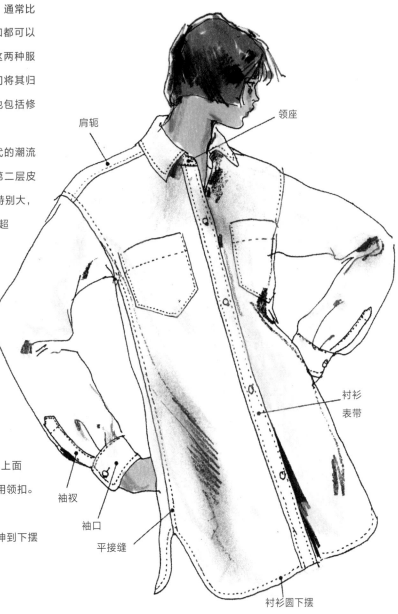

肩轭

领座

衬衫表带

袖衩

袖口

平接缝

衬衫圆下摆

- 袖衩，是衣袖上的一个夹缝，通常由贴边来收尾，从袖口向肘部延伸。这个细节使衣服可以轻松地穿脱。
- 袖口，是用一块单独缝制的布做成的衣袖收尾装饰，通常用一颗或多颗纽扣扣紧。
- 法式恤衫双袖头，是一种扣上袖扣并翻折起来的袖口。通常用于花式衬衫和燕尾服恤衫（多数是对男装的模仿）。
- 恤衫圆下摆，是一种看似男式衬衫下摆的下摆样式。在女装中，没有这种类型的下摆或者下摆折进去。
- 横裥，是缝合在适当位置的窄褶。通常按照宽度成排缝制，如一英寸、半英寸、四分之一英寸等，也可以用针褶，针褶横裥的宽度只够缝一排针。燕尾服恤衫横裥极为精确，而缺角西装领衬衫的横裥非常简单，可以只有印花或完全改变外观的剪裁。

西式恤衫的肩带、口袋和镶边细节，很少会随着流行风格而改变。

恤衫看来应该稍显挺括，针脚和横裥等细节都要非常精确。白色衬衣上的暗影通常用浅灰到中灰色来表现。

横裥

礼服衬衫

法式恤衫
双袖头

西式恤衫

缺角西装领衬衫

女式衬衫和上装

　　恤衫在剪裁与面料方面都遵循更具体的形式与结构，但女式衬衫和上装的设计可以有更多独特的细节。

　　衬衫的设计范围包括纯粹的水兵式女式衬衫、风情万种的吉普赛衬衫、精细的领带衬衫、浪漫的诗人袖衬衫，以及具有少数民族气息的哥萨克衬衫。衬衫既可以是紧身的，也可以是宽松而奢侈的。其变体多种多样且不受规则限制，所以在时装作品中要尽量保持视觉上具体的样式感觉。

水兵式女式衬衫

吉普赛式衬衫

波浪纹前饰衬衫

诗人袖衬衫

领带式衬衫

裹襟式罩衫

哥萨克女衫

蝴蝶结领女衫

上装，既可以是如同"第二层皮肤"的圆领背心，或者让人几乎感觉不到的狭带式胸罩，也可以是超大号的 T 恤或束腰上衣。如果它们非常合身，而且是由弹性面料制成，那就会看起来更贴身。如果躯干体量巨大，就要在剪裁上保持衣料的充裕。背心和束腰外衣常常是层叠在其他上衣和衬衣、恤衫外面的。

此外，任何恤衫、上装和女衫都可以单穿，也可以穿在其他衣服外面或里面。通常需要摆出特别的姿势，才能将所有的服饰都展示出来。在表现多层服装时，解开一些扣子，或者卷起袖子，都会对提升表现力有所帮助。

背心

雪尔衫

狭带式胸罩

露腰短上衣

T恤衫

（女）三角背
心式上衣

超大型衬衫

垂褶领束腰外衣

长马甲

Nicolas Ghequiere/ Balenciaga
2006/2007
彩铅、马克笔

第 17 章

裙子

裙子的历史——下摆线与轮廓

从裙子的下摆拖地、妇女不允许露出脚踝的时代至今，走过了漫长的道路。直到 20 世纪 60 年代，裙子的长度才由一些设计师重新定义，可以长及膝盖或法律允许的最短长度。直到今天，女性的裙子长度仍是一个主要的时装话题。

从 19 世纪末到 20 世纪初，裙子都是包裹全身，只露出鞋子的一部分。女性用多层的衬裙来帮助裙子定型，并用紧身胸衣尽可能地收细腰围。Worth、Dior 和 Lucile 为这一时期的精美设计做出了杰出贡献。

Worth 1894

20世纪10年代

在 20 世纪 10 年代早期，裙子的轮廓越来越贴近身体。Paul Poiret 设计了一种"蹒跚裙"或称"陀螺裙"，这种裙子褶纹上自腰部，下到鞋子的顶部，敞开的褶皱让脚踝露出来。到了后期，Paquin 等设计师将裙摆提高到脚踝以上。

Paquin 1917

Poiret 1913

20世纪20年代

20 世纪 20 年代可能是 20 世纪裙子长度变化最富戏剧性的时期。到 1926 年，裙子的下摆已经升高至膝盖，在此之前，就连时髦的女性也从未穿过这么短的裙子。同时期还出现了新的裙子穿着方式——日间穿短裙，夜间穿长裙。Chanel、Vionnet 和 Patou 是短裙的先锋设计师。随着腿部在时装中的地位变得越来越重要，丝袜和涂胭脂膝盖也开始流行起来。裙子的主要特点是平胸、直筒，没有腰线。

Chanel 1925

20世纪30年代

　　到了 20 世纪 30 年代，裙摆再次降低。设计师 Molyneux 和 Schiaparelli 设计的日间裙，下摆从膝盖至脚踝不等。夜间礼服和裙子几乎都是覆盖住全身的。这一时期斜裁非常流行，衣服裁剪得十分贴身，轮廓优雅而流畅。

Creed 1936

20世纪40年代

　　到 20 世纪 40 年代，裙子长度通常达到离地 15 英寸（约膝盖底部）的位置。在 20 世纪 40 年代前半段，裙子一直保持这个长度或稍短。第二次世界大战中对面料使用的限制，促成了裙子的变化。Joan Crawford 的穿扮使 Adrian 的设计流行起来，这种套装剪裁复杂，配有垫肩和简单的直筒裙子。

　　在战争结束之后，女性再次产生了追求女性味道与时尚魅力的想法，而 1947 年 Christian Dior 推出的新形象正是最佳的解决方案。裙摆下垂到脚面之上，一层层的衬裙使裙子更加丰满。裙子又一次几乎覆盖了整个腿部、收紧的腰部、有衬垫的臀部和长而宽的裙子轮廓，让人想起世纪之交的时装款式。

Dior 1947

Adrian
20世纪40年代早期

20世纪50年代

　　裙摆长度在 20 世纪 50 年代初
基本没有改变。在 1956 年，随着无
袖装的推出，Balenciaga、Givenchy
和 Norell 等设计师开始将裙子的下摆
提高到膝盖下方。

Patou 1956

20世纪60年代

在 20 世纪 60 年代前期，裙摆长度一直位于膝盖附近。然而，裙摆的故事在 20 世纪 60 年代将发生彻底的改变。从 60 年代中期开始，裙子的长度不再遵循一定之规。

在 20 世纪 60 年代中期，伦敦设计师 Mary Quant、法国设计师 Andre Courreges 和美国设计师 Rudi Gernreich，成为了迷你裙和微型迷你裙的先驱。这是现代时尚流行当中最短的裙子，轮廓是大同小异的几何形，最重要的特点是富有现代气息。

Dior 1966

Cardin 1966

20世纪70年代

比照 20 世纪 60 年代末最短的微型迷你裙，下一个合乎时代的裙子下摆位置应该是下降的，事实上也的确向下降了。半长裙的下摆长及小腿中部（或稍长），长裙的下摆长至脚踝。这些不同裙型的下摆长度引发了 20 世纪 60 年代末 70 年代初有关迷你裙、半长裙、长裙的激烈争论。Yves Saint Laurent 设计的长款服装和层次感十足且飘逸的裙子轮廓，最终在 20 世纪 70 年代末大获全胜。

Saint Laurent 1974

20世纪80年代

　　在 20 世纪 80 年代初，裙摆仍然很长，Perry Ellis 设计了一些下摆最长的款式。但是与 20 世纪 70 年代的民族风格不同，它的轮廓简洁而平整。到了 80 年代中期，裙子开始变短，与短裙搭配的镶肩工装成为相当流行的款式。Emanuel Ungaro 和 Claude Montana 为这种裙摆与轮廓的流行做出了重要贡献。

Perry Ellis 1983

Ungaro 1984

20世纪90年代—20世纪00年代

在 20 世纪 90 年代，裙子的长度对大
多数人来说不再是一个主要的问题。女性可
以在不同的场合穿着各种长度的裙子，如果
对适合的裙子长度有疑虑，还可以转而考虑
长裤。唯一关乎长度的问题似乎只是 "哪种
裙子的长度更畅销"。透明、花边和透明薄
纱的面料使用（在不同的外观和长度上有不
同的使用方式）变得比裙子长度更重要。这
一时期裙子的款式多样，既有 20 世纪 50 年
代和 20 世纪 60 年代的复古风格，也有飘逸
轻薄面料的款式——任何一个款式都可
以设计成任意长度。Geoffrey Beene
在 20 世纪 90 年代设计了极短的短裙，
而 Karl Lagerfeld 则为 Chanel 尝试了带几
层花边的薄纱裙。

在本世纪初，裙子的长度不再标准
化。Marc Jacobs 和 Chanel 的裙摆短到让
人想起 20 世纪 60 年代的迷你裙，而 Yohji
Yamamoto 等其他设计师的设计则将裙摆
下降到脚踝。

然而，最显著的变化是非对称下摆的出
现。裙子的下摆突然开始 "上下摆动"，遮住
一条大腿，而露出另一条大腿。裙子的腰线
处经常露出肚脐。传统的下摆底边收尾方式
常常被柔软流动的面料如各种皮革、绒面革
和未完成的、磨损的流苏底边所取代。

几十年来，裙子长度常常是人们谈论最
多的时装话题。现在，这已经不再是什么重
要问题。哪些问题将会取代这一话题呢？作
为未来的设计师和时装艺术家，答案将会取
决于你。

Marc Jacobs/Louis Vuitton
2009

Geoffrey Beene
1991

绘制裙子

裙子是一种包裹时装人体下半身的服装，通常系在腰线处，有时也会位于略高或略低于腰线的位置。正如前文所述，从超短裙到及地长裙，裙子的长度。

裙子可以是一件套装，也可以是上装的附属，还可以是连衣裙的下半部分。收尾方式包括裙腰头或贴边。

裙子可以是碎褶、褶裥或喇叭形宽摆，轮廓既可以十分纤细，也可以极为丰满。

让我们从不同长度的裙子图表开始分析，这只是为你提供一个参照。你可能已经发觉了，有些裙子在不同的时代有不同的称谓。我们选用了对这些裙子最准确的称谓。

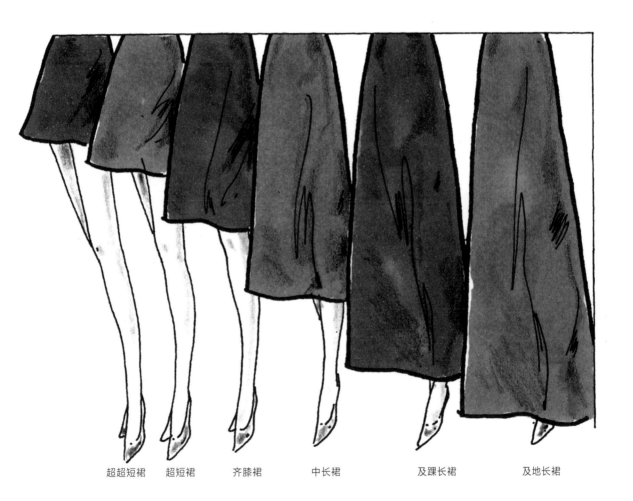

超超短裙　超短裙　齐膝裙　　　中长裙　　　　及踝长裙　　　　及地长裙

直筒裙

要画一条直筒裙，首先想象一块将臀部包裹起来的面料。因为臀部和腰部的尺寸大约相差十英寸，所以有好几种方法可以把多余的面料收到腰部，包括省道、抽褶、松紧调节（轻打褶）或接缝。

随着裙子的下摆越来越大，将多余面料收至腰部的办法还包括碎褶、褶裥或喇叭形宽摆。

任何一条裙子的裙摆都与上臀围转动方向相同。请记住，在所有服装中，面料都是一个重要的因素，始终影响到下摆的轮廓。

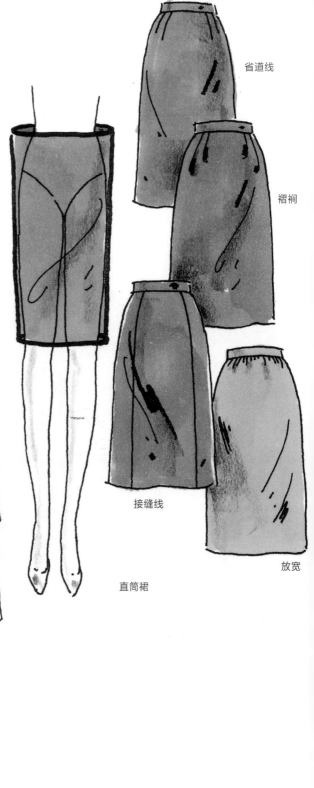

省道线

褶裥

接缝线

直筒裙

放宽

打褶

抽褶

喇叭裙

宽裙

绘制直筒裙

从时装人体的下半部分开始勾画，直筒裙从上臀围开始脱离身体，所以裙摆不会成一条直线，也不会有"着力点"，因为身体是圆柱形的，所以环绕身体的服饰在边缘处会有一定弧度。

此外，裙腰头也不能画成直线，应该随着身形画成向上的曲线。裙腰头要画得均匀而挺括，根据不同的设计，裙腰头可以直接画在自然腰线的上面或下面。可以用纽扣或钩扣收拢。

省道、抽褶或放宽的线条都应随身形而画，这样时装人体才具有立体感。

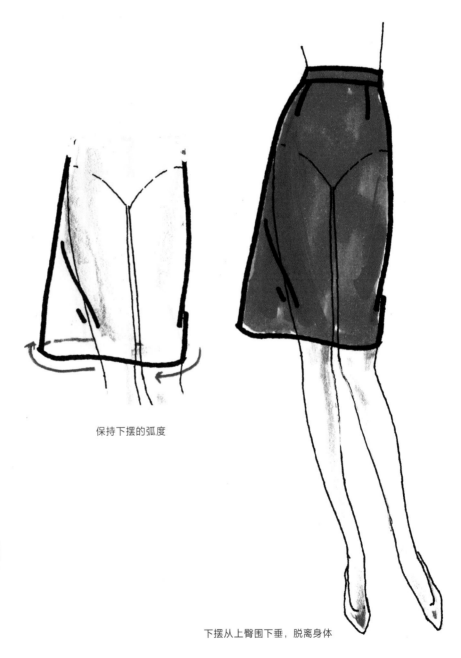

保持下摆的弧度

下摆从上臀围下垂，脱离身体

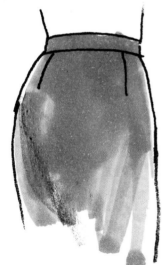

省道要随身形而弯曲，腰头稍微向上弯曲

腰褶裙

腰褶裙把一块块面料缝在一起，在腰头或接缝处集褶或抽褶。在面料上缝两排疏缝针，然后拉紧，以达到理想的丰满效果。正因为如此，与直筒裙相比，腰褶裙的腰线和下摆之间的关系变得更加复杂。

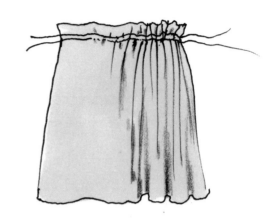

绘制腰褶裙

首先，画出时装人体的下半部分。勾画出带有一定弧度的碎褶线以呈现身形。（请记住，下摆与上臀围的移动方向相同）画的线要长短不一，这样才能呈现出让人赏心悦目的节奏感，而不显单调。靠近下摆的线条要画得浅些，并保证褶线连接腰头或缝线，不要把这些线条画得像图表一样。

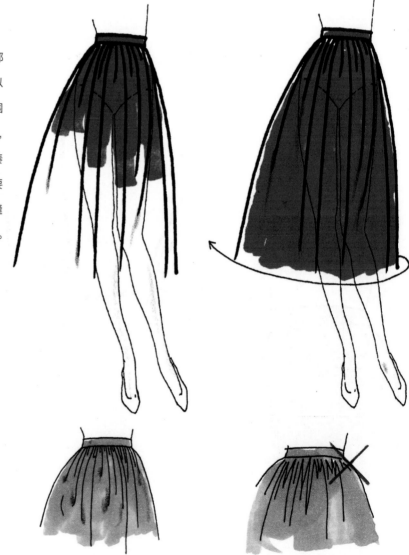

褶线从腰头开始画

绝不要将线条起始位置画在不挨着腰头或缝线的地方

在腰褶裙中，多余的面料会集中在腰头或接缝线处。因此，下摆处会出现一系列的褶皱，这些褶皱相互交叠在一起，看上去像是成片下垂。由于裙子长度的不同，这些部分会呈现为矩形或圆柱形。

绘制裙子下摆的折边时，不妨想象一下"双下摆"。为了帮助你理解这一概念，先沿着下摆的边缘画一条虚线，接下来，在略高于这条虚线的位置再画一条虚线。这些"虚线下摆"可以帮助你在正确的位置绘制裙子褶边。向外下垂的褶线将接触到底部的虚线，而向内下垂的褶线将与顶部的虚线重叠。请记住，这些褶痕的尺寸不应该完全相同。

在集褶和喇叭形裙的末端部位画上柔和精致的暗影，从而创造出优雅精细的边缘。

"双下摆"

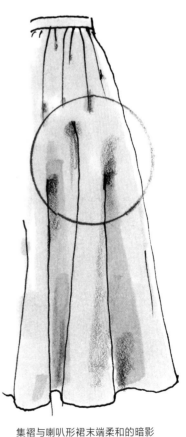

集褶与喇叭形裙末端柔和的暗影

褶皱裙、荷叶边裙和宝塔裙

  褶皱裙裙褶实际上是一个小的腰褶裙附着在一个大的腰褶裙上面，当作为裙摆下部的一个细节时，它们被称为摆饰。因为褶皱裙增加了裙子的丰满度，所以在裙摆处呈现更多的褶边效果。同时，矩形的裙褶看起来更像正方形。

  荷叶边裙也可以形成更多的层次，绘画原则与腰褶裙相同。当绘制宝塔裙时，请记住，这种类型裙子的分层是缝在衬裙上的而不是各层缝在一起。

  一般来说，每一层的宽度是保持不变的，但是绘制时应当把每一层都作为一个单独的裙子来画，并且各层之间稍微重叠。

喇叭裙、喇叭形宽摆和碎褶的褶皱裙以及荷叶边裙

褶皱裙

层褶裙

喇叭形宽摆裙

　　喇叭形宽摆裙的下摆底边比腰头更大，通过加宽摆量，褶边的形状既可以是一个平缓的流线形，也可以是一个有许多波浪纹的完整的圆形。这种类型的裙子一般有两到四层面料（或部分），但如果裙子是由非常柔软的面料制成的，则层数可能更多。当这些面料铺展开来，会形成一个圆形。

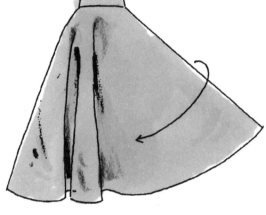

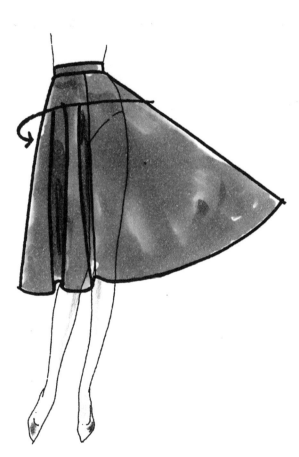

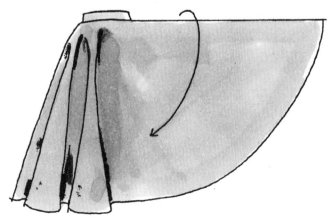

当多余的面料脱离身体，圆锥形状便开始形成

在一些喇叭形宽摆裙中，部分面料会下落形成倾斜的角度，这样就会形成一个圆锥形。面料脱离身体开始下落的那个点，即是圆锥形的顶点。

喇叭形宽摆裙的另一个看点是"拼衩"，拼衩指的是向腰围方向逐渐变细的一块窄面料。拼衩在每一层面料上产生一个圆锥形。在下摆底边附近用向外展开的紧身辅助拼布拼缝的裙子称为喇叭裙。这种类型的长裙（到接近地面的长度）称为美人鱼裙。

此外，有三角形底褶的直筒拼衩裙，称为加裆裙。

拼衩裙

美人鱼裙

喇叭裙

有倒三角加裆的裙子

绘制喇叭裙

首先，绘制具有上臀围的时装人体的下半身，根据下摆的长度，把裙子从上臀围向外张开。要想勾画出圆锥体的感觉，线条就不要连接到腰围，这样才会呈现出堆积的面料下垂的感觉，这些线条（或暗影）不要绘制得太僵硬。

确定了下摆的收尾位置之后，用虚线标出第二条下摆底边，这将有助于你正确画出裙摆的褶皱（见第223页）。如前所述，向外下垂的折线会碰到底部虚线，向内下垂的折线会碰到顶部虚线。

下摆上出现的圆锥形数量，将根据裙摆长度和面料的不同而变化。雪纺或乔其纱等柔软面料的下摆褶皱较小，而羊毛绉和法兰绒等厚重面料的下摆褶皱较大。不管褶边有多大，都要画成圆形，由此表明裙子的剪裁是圆形的。

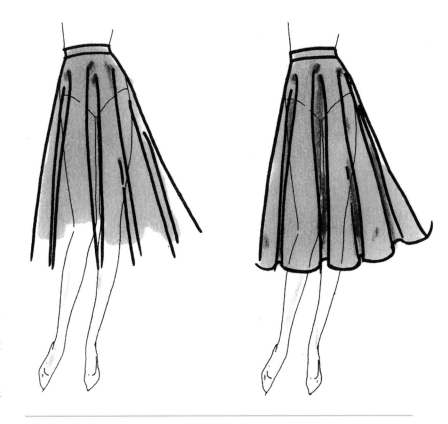

面料的厚重度不同，裙子下摆上出现的圆锥形数量也不同

斜拼接

使用带条纹或格子花纹的面料制成裙子时,观察喇叭形宽摆裙的各个部分。斜纹形成了圆锥体,当这些部分缝接在一起时,就形成了"V"字形或斜拼接形。

此外,如果用条纹面料剪裁一件圆形的裙子,锥形喇叭口的重量会让条纹看起来呈圆环状。因为它是在斜面上剪裁的,所以喇叭形会产生许多不同的自然褶。试着比较,同一条裙子在不同方向或不同网格线上斜裁时产生的不同视觉效果(关于格子和条纹的更多知识请参见第 28 章)。

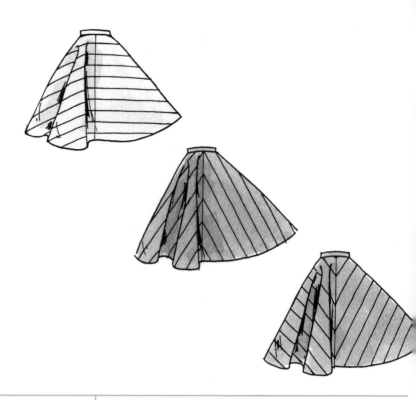

斜接产生的"点"

条纹呈现为"圆环"

褶裥裙

通常情况下，褶裥是面料上被压平的褶皱，也可以不被压平，只在起始处附着于腰头或接缝线。同时，它们还可以在裙子顶部缝合，这样臀部看起来就更平顺合身。褶裥种类繁多，绘制褶裥裙的基本原则与腰褶裙相同。

绘制褶裥裙的时候，首先勾画一个带上臀围的时装人体的下半部，必须确保前中线是精准的。所有褶裥裙的下摆与上臀围的移动方向相同，可以使用在绘制腰褶裙和喇叭形宽摆裙时学习的双下摆技法来绘制褶裥裙。

上缝线打褶裙

活裥褶裙

定型褶裙

折叠褶裥裙

我们介绍的第一个褶皱类型是面料折叠形成的，这种褶裥从腰头到裙摆大小相同。以下是这种折叠褶的一些类型：

- 倒褶裥：折向中间两侧。最简单的褶裥是沿着裙子的前中线折叠的倒褶。当褶皱经过小腹部位时，画出其上部的圆柱体感。用利落、平滑的线条来画褶皱，在裙子上端的外表面绘制出缝线。

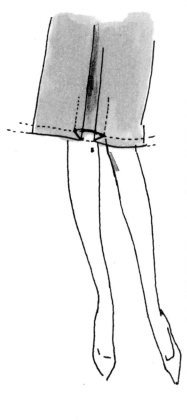

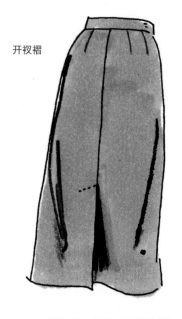

开衩褶

- 开衩褶：在裙子下摆的附近，既可以在裙子正面也可以在裙子背面。它被压在裙子的侧面，有时候还被缝合到特定位置。

倒褶裥

向下缝制的倒褶裥

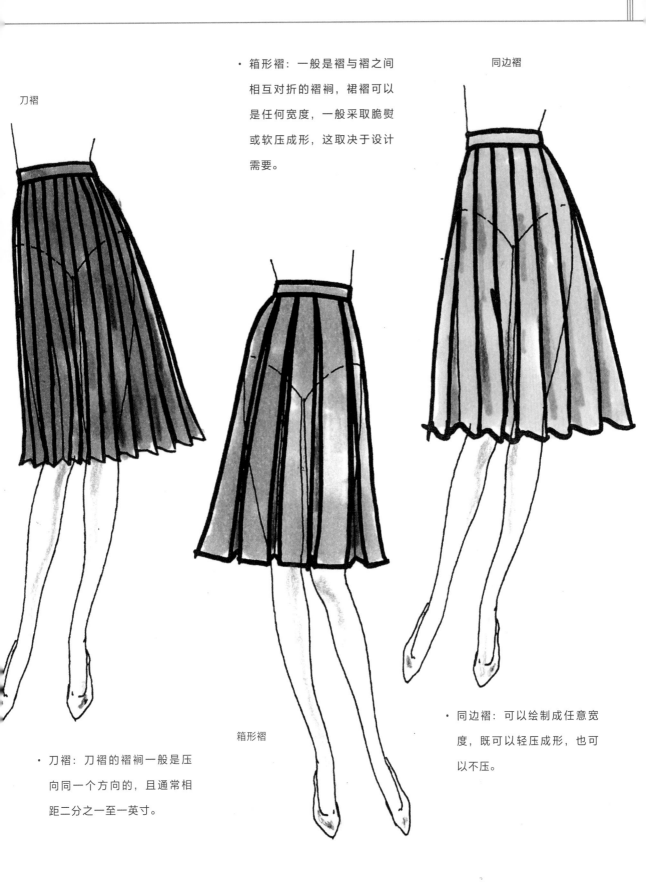

刀褶

· 箱形褶：一般是褶与褶之间
相互对折的褶裥，裙褶可以
是任何宽度，一般采取脆熨
或软压成形，这取决于设计
需要。

同边褶

箱形褶

· 刀褶：刀褶的褶裥一般是压
向同一个方向的，且通常相
距二分之一至一英寸。

· 同边褶：可以绘制成任意宽
度，既可以轻压成形，也可
以不压。

喇叭形褶裥裙

我们要介绍的第二种褶皱类型不是折叠关系的，而是以喇叭形宽摆裙为基础的。这种类型的褶皱是热定型的，而且非常典型，是在腰头附近褶皱较小，而到裙摆处褶皱逐渐变大的裙型。这种褶皱不是在腰头（或接缝线）下面折叠的，而是从腰头呈扇形散开。这比折叠的褶裥更有动感，且在裙子底部有更多的类似锯齿的形状。以下是两个具有代表性的褶裥：

- 手风琴风箱褶，像手风琴风箱一样的褶皱。
- 阳光褶，褶边像太阳的光线一样散开。

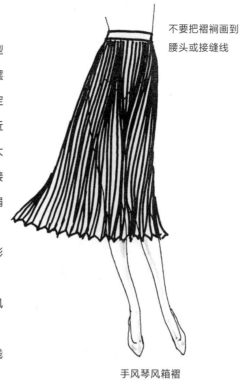

不要把褶裥画到腰头或接缝线

手风琴风箱褶　　　　　　阳光褶

面料也可以呈现很精细的褶裥，以下是两个典型的例子：

- 蘑菇或水晶褶，有非常精细的褶裥（这种类型通常是热定型的）。
- 火柴棍和飞天扫帚褶，也非常精细（且是热定型），但都成不规则状。这些是由 Mariano 在世纪之交设计的褶裥版本。

当任何类型的褶裥——压过或未曾压过——成组出现在一条裙子上的时候，称为群褶。

蘑菇或水晶褶　　　　　火柴棍或飞天扫帚褶　　　　群褶

请记住，裙子的轮廓可以设计成直筒裙、褶裥裙或喇叭形宽摆裙的任意组合，有无褶边、荷叶边、翻边或抽褶都可以。根据剪裁和面料的不同，每条裙子都有自己的风格。一开始看起来可能会很复杂，但是一定要把裙子当成独立的整体来设计，让最重要的设计元素成为你绘制时装插画的基础。

裙型轮廓

围裹裙

锥裙

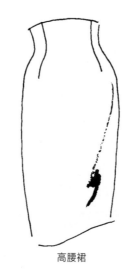

高腰裙

楔形裙

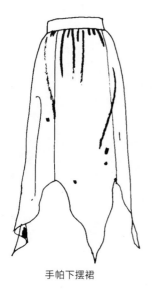

手帕下摆裙

阿尔卑斯村姑裙

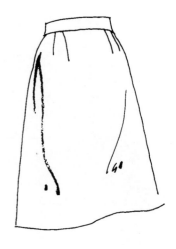

"A"字形裙

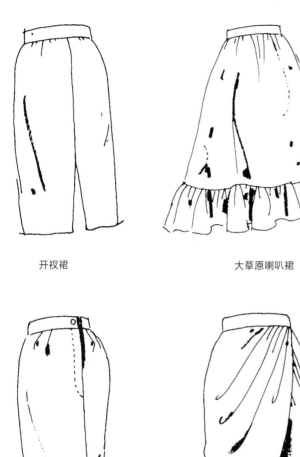

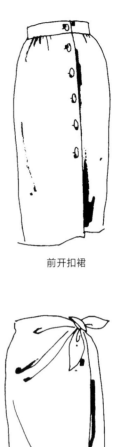

开衩裙　　　　　　　　大草原喇叭裙　　　　　　　前开扣裙

暗裥女裙　　　　　　　　垂褶裙　　　　　　　　纱笼裙

Ralph Rucci 2003
彩铅、马克笔

第**18**章

裤子

女士裤子概述

　　女性穿裤子的起源无从得知，但早在公元一世纪，中东和亚洲的女性就穿着某种裤子。近代以来，在 19 世纪 50 年代中期，Amelia Bloomer 试图摒弃束身衣，她设计了一套由短裙和长及脚踝处的宽松长裤组成的服装，这种裤子以她的名字命名为"灯笼裤"。这种服装的流行时间很短，但是却为把长裤概念引入运动和体育服饰做出了贡献。

Amelia Bloomer 1850

20世纪10年代和20世纪20年代

Paul Poiret 认为，女性的日常生活正变得越来越"男性化"，最终她们将会穿上裤子。早在1911年，他就推出了扎脚管长裤。通常与束腰外衣和头巾搭配，以凸显她们的东方气质。

20世纪20年代，法国设计师 Molyneux 和 Lucien Lelong，设计了可以在海滩上穿，也可以在非正式午宴上穿的睡衣套装。此外，剧烈运动也带来了对于裤子的需求。由于滑雪的流行，裤子成为了时尚，1921年，灯笼裤开始出现在高尔夫球运动中。到了20世纪20年代中期，赛马运动中出现五分裤或马裤。

Lanvin 192

Poiret 1911

20世纪30年代

　　20 世纪 30 年代，Coco Chanel 和
其他时髦女性在法国蔚蓝海岸穿着搭
配头巾和带有珍珠的裤子。Katharine
Hepburn，Marlene Dietrich 和 Greta
Garbo 等电影明星在公共场合穿着男
士长裤，使这种装扮看起来既迷人又
为社会所接受。同时，在 1931 年，
Schiaparelli 设计了一款黑色羊毛针
织连体睡衣，供人们在海滩上穿着，
Hermes 也推出了特色裤装。

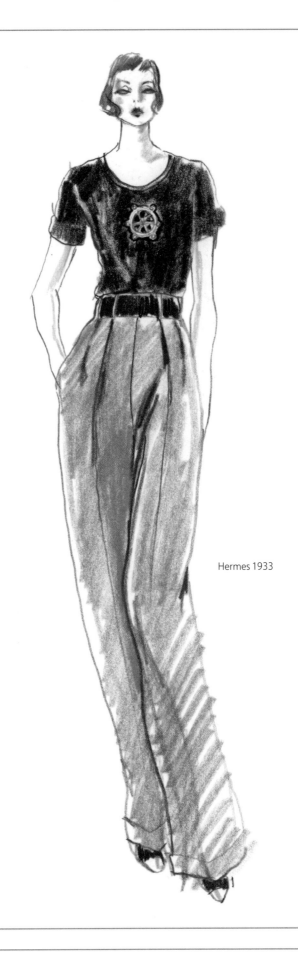

Hermes 1933

20世纪40年代

　　在第二次世界大战期间，西尔斯·罗巴克公司为顾客提供了一种"结实、舒适"的工作服，在其 1942 年的商品目录中，这款工作服的售价是 3.98 美元。作为美国最早的运动装设计师之一，Claire McCardell 经常在她的时装系列中加入一些长裤的款式。在 1949 年，她设计了一款羊毛针织上衣和自行车短裤。

20世纪50年代

　　20 世纪 50 年代，受 James Dean 和 Marlon Brando 等演员的影响，牛仔裤成为了一种时尚，尤其是在年轻女性中间。牛仔裤经常被卷起来穿，偶尔搭配色彩鲜明的法兰绒衬里。另一种风格是窄身七分裤配芭蕾舞鞋，这种风格因为 Audrey Hepburn 在 20 世纪 50 年代中期流行开来。美国运动装设计师推出了适合在家娱乐时穿着的修身裤套装，裤子外面通常裹着长裙的裙摆。Pucci 则设计推出了活力四射的印花窄裤。

Pucci 1959

McCardell 1943

20世纪60年代

在 1960 年，Norman Norell 推出了一套裤裙装，作为其时装展的重要部分，售价高达 825 美元。因为他对这套裤裙装充满了自信，所以他将模板提供给任何想要拷贝的制造商。1963 年，他还设计了旅行时穿在裤子上方的披风。

Audre Courreges 于 1964 年设计了时尚的烟囱裤，搭配剪裁精致的夹克和白色小靴子，产生了轰动，引起各类服饰商纷纷效仿。

Courreges 1964

20世纪70年代

在 20 世纪 60 年代末和 70 年代初，Yves Saint Laurent 为裤装获得最终认可做出重大贡献。他设计的漂亮的夜间穿着的"吸烟装"或无尾晚礼服，以及日间穿着的无可挑剔的男士定制西装，至今仍然十分时髦。

20世纪80年代至今

Giorgio Armani 和他设计的中性色柔软面料的休闲定制裤子和套装，为 20 世纪 80 年代和 90 年代初的裤装定下了基调。裤装不再是一种特殊的服饰，所有设计师都开始把它作为时装作品的重要组成部分。从意大利 Krizia 剪裁精美的裤子套装，到 Kenzo、Claude Montana、Yves St.Laurent 和 Sonia Rykiel 等法国设计师的创意剪裁，再到 Bill Blass、Oscar de la Renta 和 Donna Karan 的简洁、剪裁讲究的造型，裤子不再是设计师的选择，而是成为了一种必需。

到了 21 世纪，裤子轮廓变得平整而窄长，常常采用牛仔布和皮革这两种最流行的面料，长裤袜通常和靴子一样长，裤腰会滑到臀部，露出肚脐，有时会搭配高跟系带靴或高跟靴。设计师品牌牛仔裤重新出现，有的带有磨损做旧痕迹，有的经过修饰，价位则从 Levi's 到顶级的 Chanel 和 Gucci 不等。

七分裤及其变体成为另一种设计的选择，大口袋、束带等出现在腰部、脚踝、小腿部位的各种细节开始流行。

如今，世界各地的设计师都将裤子作为时装设计中必不可少的一部分。曾几何时，在一个时装系列的设计中看到裤子是令人惊讶的。今天，如果裤子被排除在设计之外，那才将是令人难以置信的。设计师们在所谓经典的裤子设计之路上走了很长的一段距离，他们已经

Sonia Rykiel 1972   Saint Laurent 1982   Lagerfeld/Chanel 1996   21世纪低腰牛仔裤

开始努力尝试新的材料与新的想法。看到用乔其纱、氨纶或绒面革制成的裤子，或是眼见新娘穿着最精致的蕾丝制成的外裤走过教堂通道，都已经不再是让人感到奇怪的事了！

绘制裤子

首先，让我们来看看不同长度和风格的裤子。再强调一次，如同前文中的裙子长度，右图只是提供一个参考。正如你可能已经知道的，许多不同长度和样式的裤子会有不同的叫法，这取决于时装所处的年代。在这里，我们选取了最准确的称谓。

接下来，让我们看看裤子的不同部位以及不同样片。裤子在腰部、臀部和腿部都围成一圈，不像裙子只从

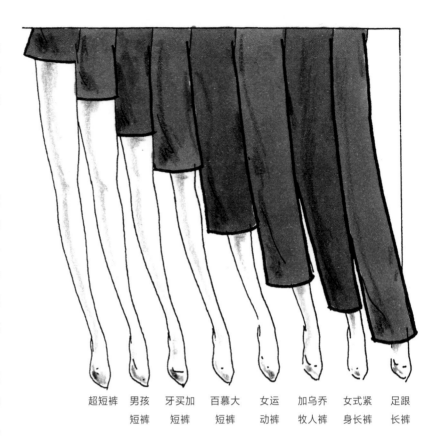

超短裤　男孩短裤　牙买加短裤　百慕大短裤　女运动裤　加乌乔牧人裤　女式紧身长裤　足跟长裤

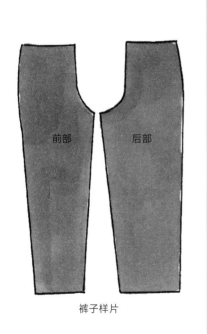

前部　后部

裤子样片

圆柱形的透视分解

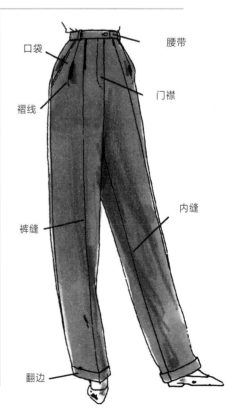

口袋　腰带　褶线　门襟　裤缝　内缝　翻边

腰部、臀部和下摆处包裹着身体，裤子还分别包裹着每一条腿。圆柱形透视发生在四个区域，即腰部、臀部、每条腿以及每条裤腿的底边。

与裙子在运动时作为一个统一的整体不同，裤子在运动中可以分为独立的三个部分的，分别是腰臀区域、支撑腿和非支撑腿。

裆缝是整条裤子的中心，但是每条腿也分别有各自的前中线，并且随着腿部的移动而移动。在有裤缝的裤子上，裤缝就成了腿部的前中线，同时，裤缝也会随着腿的位置变化而发生改变。

1 先勾画时装人体的下半部分，设置好支撑腿和非支撑腿。标示出每条腿的前中线，注意在支撑腿大腿内侧膝盖区域上方有一个轻微的凹陷，大多数的裤子底边会触碰到支撑腿和支撑脚的内侧。

2 在阔腿裤上，把从上臀围至内侧底边之间稍微拉直。因为底边处的面料较多，所以底边处会产生一点小褶皱。然而，外侧的边线应该尽量保持走线的完整性，不要断开。可以这样去理解——内侧线可以大体上呈现腿的位置，而外侧线可以呈现裤子的轮廓。在支撑腿上，裤子的外形和底边遵循支撑腿的方向，但是外侧线条偏离支撑腿的方向。

3 在绘制非支撑腿的时候，我们拥有更多的自由。这条腿是可以任意移动的，它应该被画出一种非静止的、优雅的动态感觉。在经典贴身的裤子当中，在非支撑腿膝盖处，会有一条柔和的折断线，而另一侧则要遵循腿部的形态绘制。

4 绘制全腿长的裤子时，内侧线会变得更直，不再遵循腿的形状。相反，从膝盖内侧到底边外侧会有轻微拉直的线条，这多少表明腿的位置和较多的面料。

在非支撑腿上，裤子不与腿部内侧接触。

裤子发生运动时分为独立的三个部分

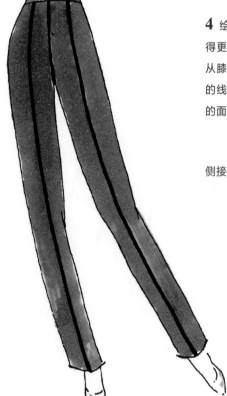

胯部和腿部的前中线

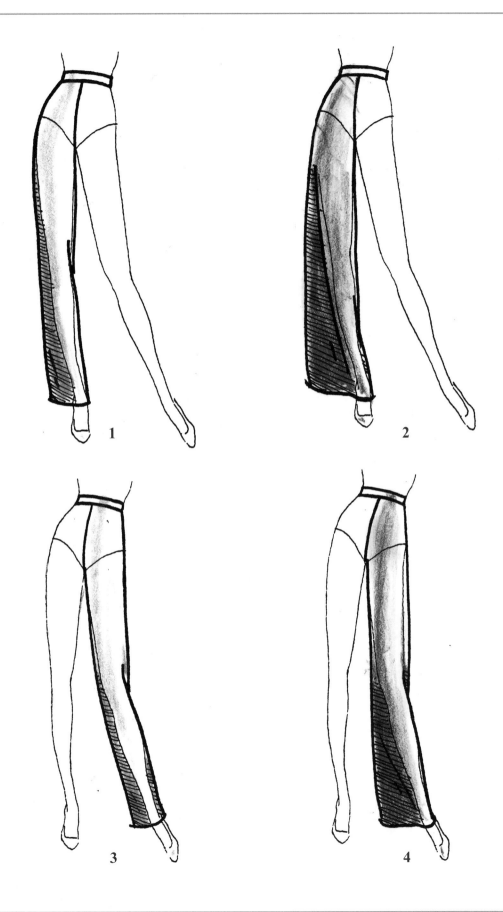

1

2

3

4

推敲细节

1 裤子的底边必须总是看起来围在腿上，并且底边线与裤腿的开口保持一致。如果是有折线的裤子，那么每条腿的底边在折线处都会形成一个轻微的"V"字形。

2 在经典款的裤型中，裤缝线会与某条褶裥相交，在有弹性的裤腰或有束带的裤子上，轻浅地涂画腰部或有弹性的区域，并确保褶裥有明确的起始点。留意腰与臀部的方向要保持一致。

3 要特别注意裤头的绘制。大多数裤子的裤头位于腰部以上部位，带束带的裤子的裤头位于腰部以下部位，某些腰围经过修整的裤子没有裤头。绘制的时候要确保腰带平整，并且稍微向上弯曲。

4 当裤子底边在膝盖以上时，画出向上的弧度；当裤子底边在膝盖以下时，画出向下的弧度。

5 避免用"Z"或"V"形线条来表现胯部区域。轻轻画一笔即可。

　　在绘制裤子时要记住，腿部可以在不同的位置摆出无限的姿势，并且所有的规则都有例外。我们已经研究了裤子的基本原理和运动方式，但根据款式、剪裁和面料的不同，每一套裤子都有其独特的品质。在设计和绘制时，这些差异将为我们带来无尽的艺术变化。

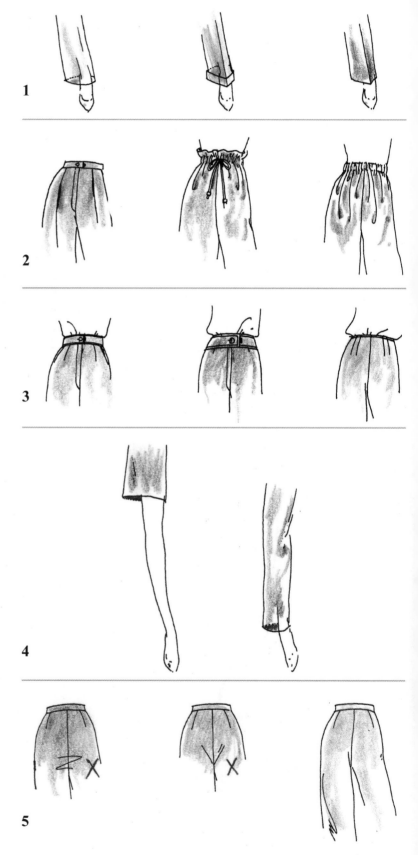

裤子细节

腰带褶

碎褶裤头

大陆式（西式）口袋

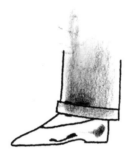

翻边裤脚

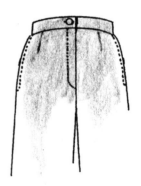

侧直袋

省道线合身腰带

无翻边裤脚

裤子轮廓

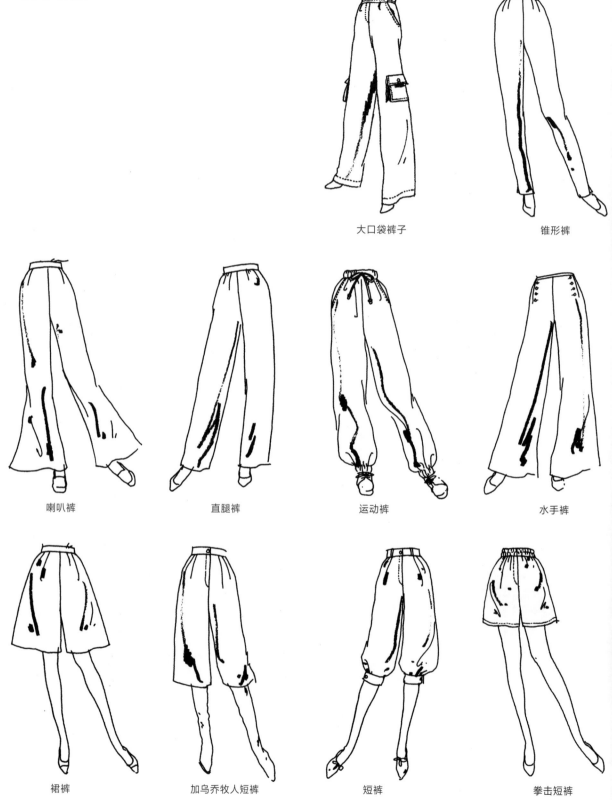

大口袋裤子

锥形裤

喇叭裤

直腿裤

运动裤

水手裤

裙裤

加乌乔牧人短裤

短裤

拳击短裤

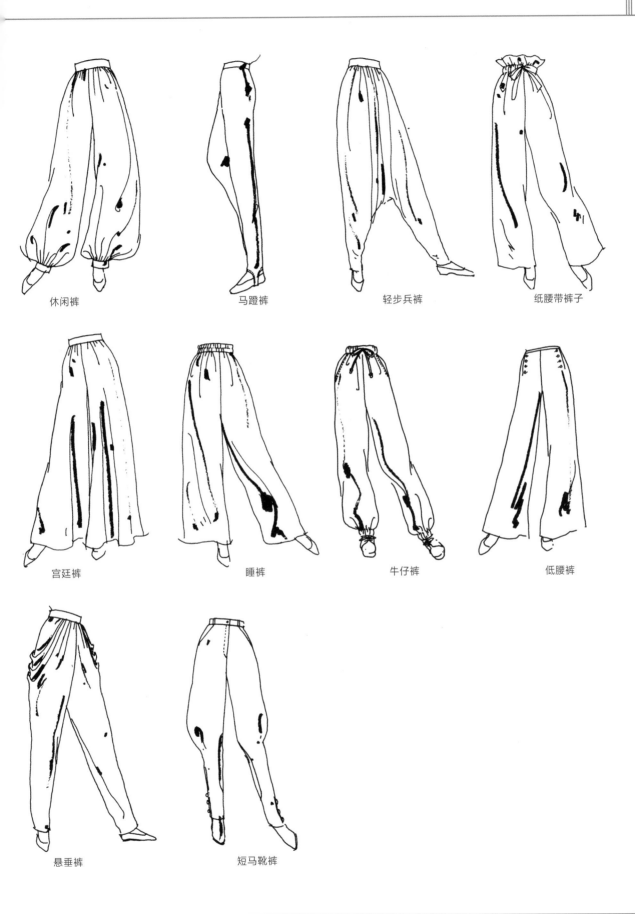

休闲裤　　　　　马蹬裤　　　　　轻步兵裤　　　　纸腰带裤子

宫廷裤　　　　　睡裤　　　　　　牛仔裤　　　　　低腰裤

悬垂裤　　　　　短马靴裤

Valentino 1986
色粉、彩铅、有色纸

第 19 章

垂褶布、斜裁和垂褶领

有褶子的面料是一种贴在身体上或者脱离身体的
面料。褶饰服装由面料组成，可以紧贴、包裹或者从身体上垂落，
可以围绕身体的某个部位进行复杂的布设，也可以完全飘离身体。

　　斜裁法是由 Madeleine Vionnet 发明的，1919 年，她在法国
开设自己的时装工作室。但是更多人常常把 20 世纪二三十年代
那种贴身优雅的晚礼服与她联系在一起。头巾、垂褶、手帕底边
和套索系领常常是她设计的一部分。

Vionnet 1925–1926

另一位法国女装设计师Alix Gres（Madame Gres），以其复杂的褶皱设计和斜裁礼服而闻名。受到古希腊服装的启发，将礼服用丝绸面料针织而成。这些礼服的设计成为无法超越的经典。

Madame Gres 1965

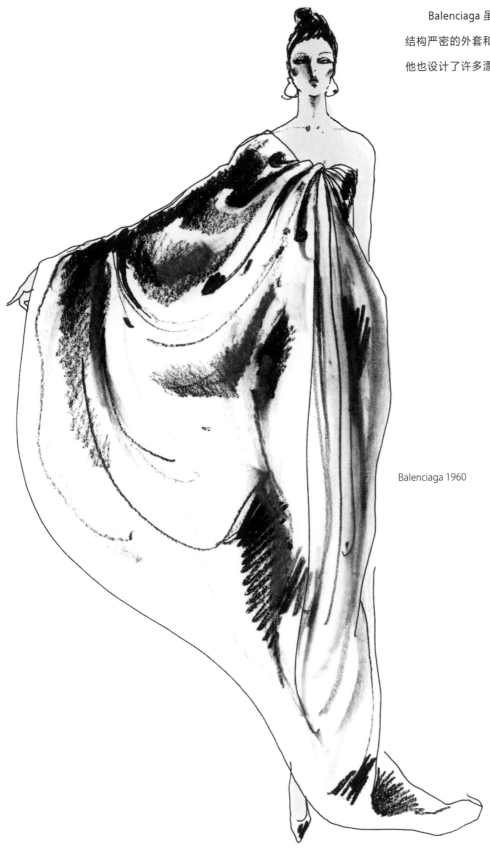

Balenciaga 虽然通常以其设计的
结构严密的外套和西装而闻名，但是
他也设计了许多漂亮的打褶晚礼服。

Balenciaga 1960

在 20 世纪 60 年代和 70 年代，
George Stavropoulos 和 Charles
Kleibacker 分别以飘逸的斜裁雪纺和
华丽的斜裁晚礼服而闻名，在美国延
续了这一传统。

George Stavropoulos 1973

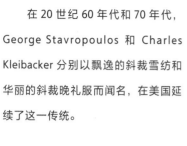

Charles Kleibacker 1964

在 20 世 纪 80 年 代, Emanuel Ungaro 对于打褶裙和抽褶裙的回归所做的贡献比其他任何设计师都要大。

从 20 世纪 90 年代到 21 世纪初, 垂褶面料在时尚界仍然保持着重要的地位。轮廓变得修长且圆润, 利用非常柔软的丝绸斜裁和圆形荷叶褶边让人想起 20 世纪 30 年代的设计。

Versace 的设计裁剪了垂褶晚礼服, 以便尽可能多地暴露出身体, 而 John Galliano 的宽松长吊带裙看上去就像被倾倒在身体上一样。

Versace 1997

John Galliano/Dior 2003

Ungaro 1985

理解折褶服饰

打褶服饰通常与被称为斜纹的织物面料方向有关。面料是按照横向和纵向编织的，斜褶是面料纹理上的对角线方向。斜褶是饱满的，很有弹性，并且有紧贴身体、具有垂落感的特性，又能以一种非常感性的状态遵循身体的曲线。

打褶服饰涉及张力点及其与衣服和身体的关系。想象将一块正方形面料固定在墙上，当面料从一个张力点落下，成锥形或三角形时，称为"一点张力"。如果一个时装人体穿着一件斜裁长袍，膝盖弯曲，那么膝盖便会成为张力点。你可以看到裙子是如何从膝盖开始呈锥形下垂的。如果一个时装人体穿着有完整袖子的时装，将手放在腰上，肘部成为张力点，从肘部下垂的面料呈锥形或三角形。

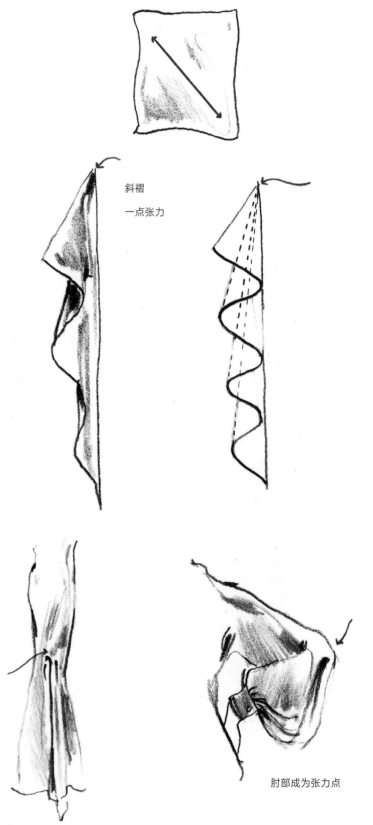

斜褶

一点张力

从膝盖处垂下的面料呈锥形

肘部成为张力点

层叠褶皱由一系列展开的圆环缝合在一起，最能体现一点张力。当内缘被剪断并平放时，外缘会形成锥状波浪（或喇叭形），当从一点打开和拿起面料时，这些波浪（或喇叭形）会形成锯齿般的形状下垂。

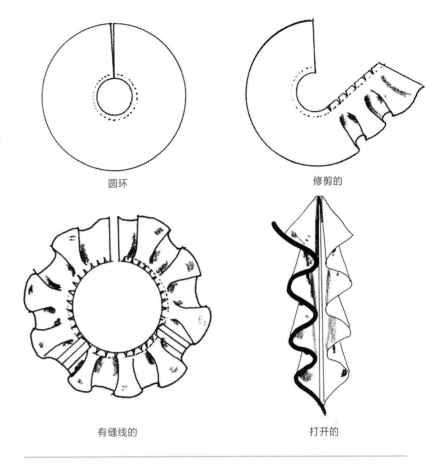

圆环

修剪的

有缝线的

打开的

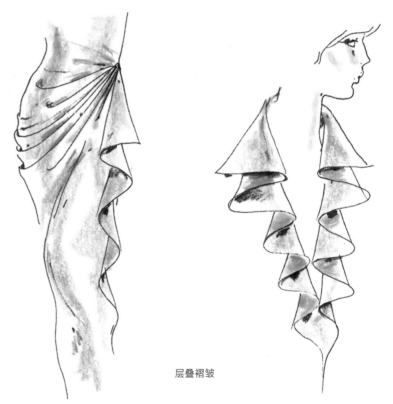

层叠褶皱

当你把另一块面料钉在墙壁上，并且用两个别针分别钉在面料的两端，你便获得了两点张力。风帽（垂荡褶）是两点张力的一个代表性例子。它是可以设计在服饰的不同部位的单折痕或一系列的褶皱。最典型的是设计在衣服的领口前面或后面，也可以搭配在裙子、裤子或衣袖上。当设计在双绉、查米尤斯绉缎、软针织衫或雪纺绸等柔软面料上时，风帽的垂坠效果最好。

风帽可以从堆积的面料上垂落下来，也可以打褶或与接缝线连接。这些垂褶看上去是一层层套在一起的。此外，它们也可以绘制为阴影或很深的颜色。

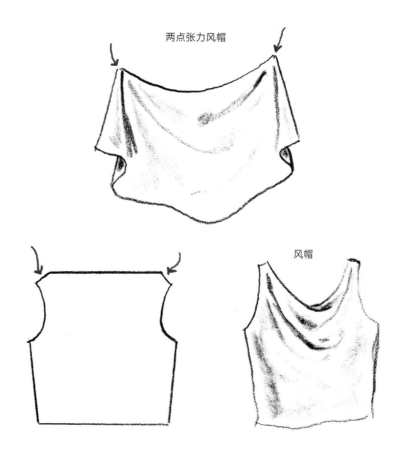

两点张力风帽

风帽

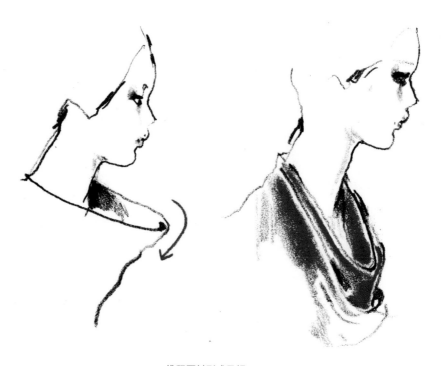

堆积面料形成风帽

风帽从一件衣服的前身或后背垂下，落在袖子上或裙子上，这被称为裙撑。裙撑是打褶的，会使裙子向两侧延伸。绘制风帽时，要注意面料是如何循环和旋转的。

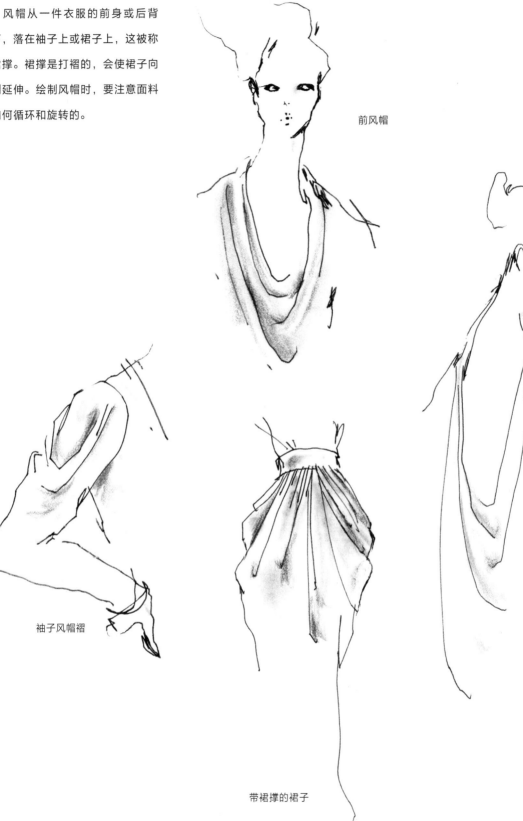

前风帽

后风帽

袖子风帽褶

带裙撑的裙子

褶襞是两点张力的另一个例子，
面料在两条接缝线之间上拉或打褶，
然后被固定在塑形内衣上。

Valentino 1984

褶皱紧身胸衣和连衣裙也是
两点张力的另一个例子。斜裁面
料根据人体骨型用小针脚固定在
塑形内衣上。不管是精心的设计
还是随意的设计，面料通常都会
出现褶皱。

　　无论是褶皱服装还是褶襞服
装，在着色时，都要依照先前绘
制好的底稿上的褶皱方向，确保
线条符合身体的曲线，衣服的外
缘不应绘制得平滑的。

所有褶皱都要依从底稿上走线的箭
头方向明确的画出来

在绘制褶皱服装时，必须先勾画出非常精确的底稿，并在底稿上标明褶皱的方向。呈现出面料包裹住身体的感觉是至关重要的。

为了帮助你更好地理解褶皱的本质，让我们来分析四种褶皱服装：

这件 Jacques Heim 1951 年设计的真丝连衣裙，非常有结构感和垂坠感。整体造型干脆利落，引人注目，连衣裙在腰部触碰到身体，然后突然远离，在裙摆上形成了明显的波形褶襞。

所有折痕相交于位于臀部的腰带底端，在衣身上形成强烈的对角线动势。波形褶襞与上身接触，形成一个具有戏剧性的、强有力的大簇下垂层叠。

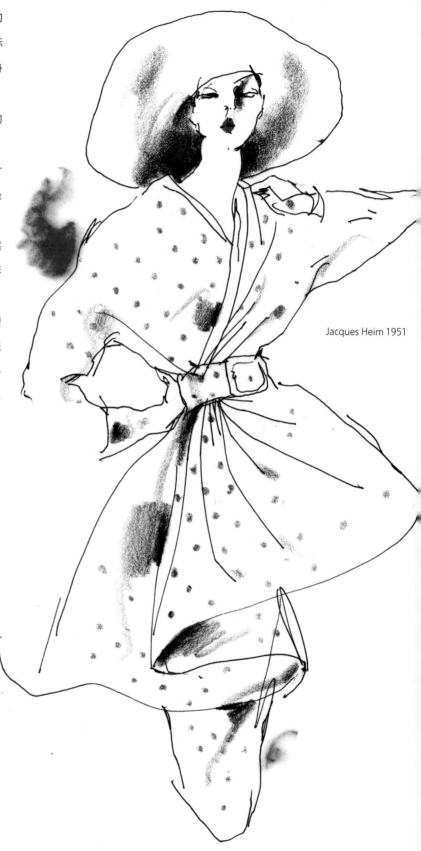

Jacques Heim 1951

这条 Bill Blass 1982 年设计的天鹅绒长裙，所有垂褶装饰都在背后。看上去，所有面料都汇合在后中线的腰围部位。面料从肩部向下延伸到臀部，然后再绕回腰部。由于所有的线条都汇聚在这一点，所以这里的暗影很集中。分析这条裙子时，注意这个点是最重要的。面料从这个点垂落，形成一条细长的裙裾。需要注意，这些线在靠近裙子下摆时是如何舒展开的。裙子的下半身比较紧贴身体，与上半身夸张庞大的形状产生对比鲜明的整体效果。

Bill Blass 1982

1957 年，Jacques Griffe 设计了这款柔软、非对称的雪纺礼服。看上去，似乎所有的打褶都在法兰西帝国式紧身胸衣的侧面汇集。露肩领口有一种向着后背滑动直到连接另一侧领口的感觉。裙子有一种裙撑的效果，同时褶皱缀满全身。在绘制这样一件褶皱服装时，应该使每一条线看起来都完全遵循身体的轮廓，从而呈现出礼服丰满的体量。线条在褶皱集中的部位非常密集，而在靠近底边的地方散开。

Jacques Griffe 1957

这件 Saint Laurent 1981 年设计的简单礼服轻松地盘绕在身体上，肩膀和膝盖部位分别用天鹅绒蝴蝶结连接。礼服采用斜裁法剪裁，充分体现出身体轮廓，面料在底部的喇叭褶处散开。因为在这个特殊设计中，面料的使用并不繁复，形成褶皱线条也没有那么密集。

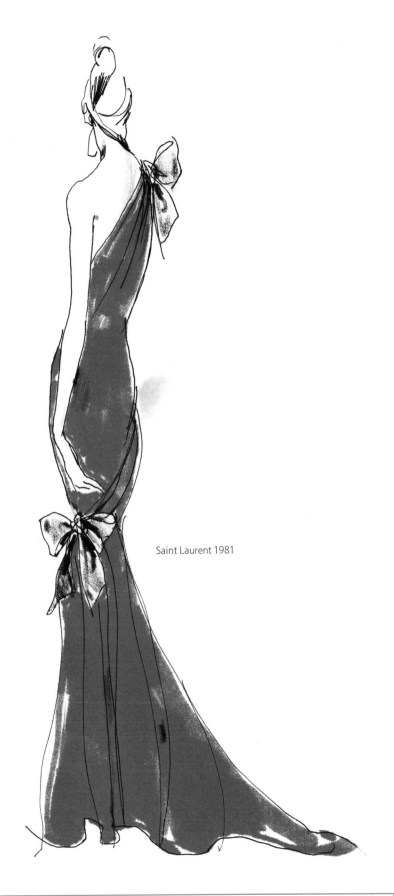

Saint Laurent 1981

褶皱服装可以追溯到古希腊和古罗马时期。当我们研究一件 Vionnet 或 Gres 设计的华丽的、褶皱的、斜裁礼服时，就很容易明白，为什么这种服装的经典而永恒之美从未减弱。

Halston 以优雅、低调的帷饰设计而闻名。这件 1976 年的礼服，上身覆盖了一件帝国式胸衣设计，在中间系成了一条领结，裙的斜褶交汇在领结处。

最重的线条和阴影往往画在所有面料集结中地方，对这件衣服而言，重点便是领结部分。注意裙子的轮廓，观察它是如何因其垂褶从领结处逐渐散开而在接近下摆时越发接近形成一个圆柱体的。

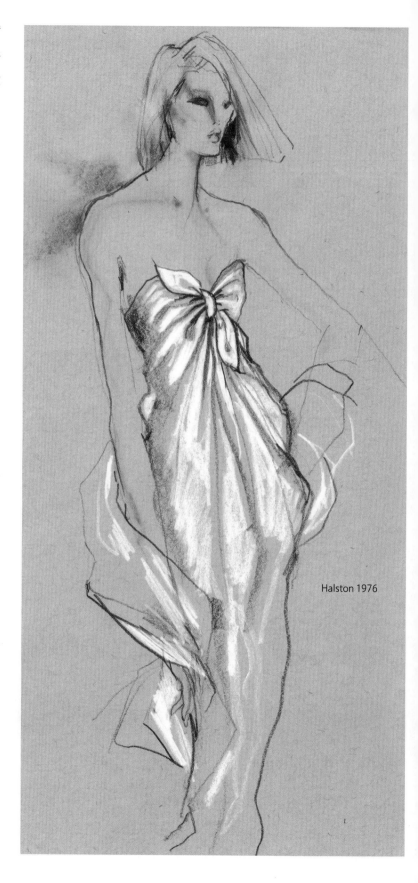

Halston 1976

在绘制褶皱服装时，一个重要的考量是：必须对于面料用量给予足够的注意。尽管褶皱时装的轮廓精细而又复杂，但是最终效果必须看起来简单且轻松。

Ungaro 1998

Saint Laurent 2001/2002
色粉笔、彩铅、有色纸

第 20 章

西装型定制服饰

量身定做的西装型定制服饰，基于非常古老和确定的裁缝原则。尽管技术的发展已经改变了这些服装的生产方式，但风格样式却几乎与原来保持不变。与其他服装不同的是，剪裁讲究的夹克或外套会逐渐演变而不会发生剧烈变化。比例、细节、身形和面料这些因素，在不同时代会产生细微变化。

西装型定制服饰的板型是经过精心设计的，可以保持多年不变。在最精致的定制夹克或外套上会发现：

- 面料是在一个帆布底架上成型的，翻领是用胶粘好和缝好的，翻卷得很漂亮。
- 套入式袖子与手臂的方向一致，悬挂时不会产生任何拉扯。
- 肩部有衬垫，但是看起来毫不僵硬。
- 口袋平整，袋口不能打开。
- 扣眼都是精心制作的，并使用最精细的纽扣扣紧西装。
- 多层的面料都被分层，以消除任何堆积，从而呈现出设计师想要的高级、定制的外观。

经过长时间手工制作和试身，才能使制作出来的夹克或外套看起来毫不费力。在过去的 100 年里，它的制造方法没有太大变化。然而，现代技术已经创造了许多省时的生产方式，并能生产出更具卓越品质的西装型定制服饰。例如，粘合衬替代了帆布衬，计算机的应用加快了面料切割和不同尺寸面料分层的速度，以及选进制衣设备的使用，能在相当短的时间内制作出优良的西装成品。

Saint Laurent 1995

在本章中，我们将学习西装型定制服饰的细节和绘制原理，这些原理也适用于外套或礼服。首先，让我们来看看经典定制西装型夹克的各个部分。

绘制西装型定制服饰的时候要考虑以下最重要的方面：

- 衣服是对称且平衡的，一侧的每一个细节都应该与另一侧相匹配，如口袋对齐，领嘴对齐等等。
- 线条精确，但不生硬。
- 姿势的变化并不会引起服饰的扭曲变形。
- 服装不应该看起来有褶皱。
- 衣褶的位置应该是精准的，而不应该看起来像是有拉扯或不合身。
- 当你画出服装的一部分时，立即画出与之对应的另外一部分。例如，先画一个"V"形剪口边，再画另一个"V"形剪口边；先画一个口袋，再画另一个口袋。不要先画完一侧的细节，再画另一侧的，最后再向上绘制，否则会破坏西装的流畅性，很容易出错。

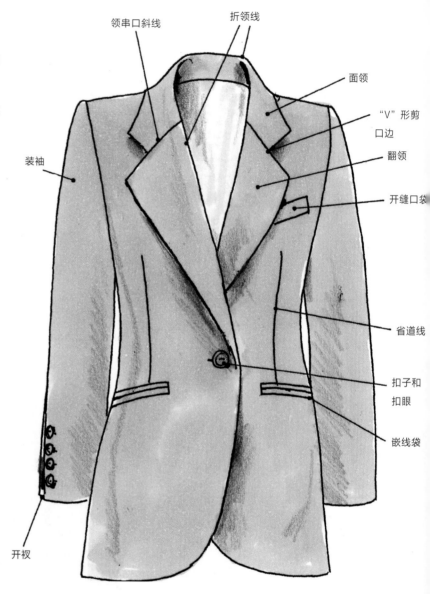

领串口斜线

折领线

面领

"V"形剪口边

翻领

装袖

开缝口袋

省道线

扣子和扣眼

嵌线袋

开衩

绘制西装型定制服饰

1 首先，在底稿上勾画西装的结构。

2 标示出前中线和纽扣的位置，如果这些位置不准确，接下来画的其他一切都将是错误的。

3 确定从领口到第一个纽扣（从滚线开始）的开口（或滚线）的大小，并标记它。开口可以从锁骨下面画到腰围部或更低。画出"V"字形开口（辊线），这是翻领翻折的地方。这条"V"字形线必须画直，没有任何摆动。

在翻领的末端画上第一个纽扣，并检查它是否在前中线的位置上。扣眼应该画在前中线的左边，夹克的翻领在滚线处翻折到胸部。

4 在纽扣或前中线的右侧画出闭合的部分，确定上衣从纽扣到下摆之间的长度。与脖子边缘到纽扣的距离进行比较，下摆的边缘是直边还是圆边？把它画出来。

5 画出夹克的大致形状，它是收腰的，半收腰的，还是宽松的？形状是由省道线和接缝线决定的。确保它们正确遵从了身体的曲线，这样我们的作品才会同时具有立体维度与精确性。

6 现在来画肩膀，检查肩部看起来是有垫肩的、倾斜的还是自然的。肩线应该永远是挺立的，就像滚线一样，不应该出现凹凸弯曲的线。

7 请标示出袖子的长度，注意它的长度与夹克下摆之间的关系。添加袖口和纽扣。接下来画袖子，检查衣袖底边处的细节。

8 先画出翻领，确定翻领至袖窿的距离，这是夹克或外套样式变数最大的一个细部。翻领起点是高还是低？翻领的"V"字形凹口延伸多远？领面在哪里与之相交？这些都是可以改变的。但要注意，领串口斜线应该用较浅的笔触画直。

9a　面领环绕颈部，落在肩膀上，朝向袖窿，进入胸部上方的凹槽处。这将呈现出"V"字形剪口边。

9　绘制面领，领面要环绕着脖子，落在肩膀和胸部上方，标出"V"字形剪口边。

10 双排扣的夹克衫上，纽扣等距分布在前中线两侧。

11 画出口袋、省道和接缝线。确保它们与服装下摆、前中线和袖子底边的关系是正确的。

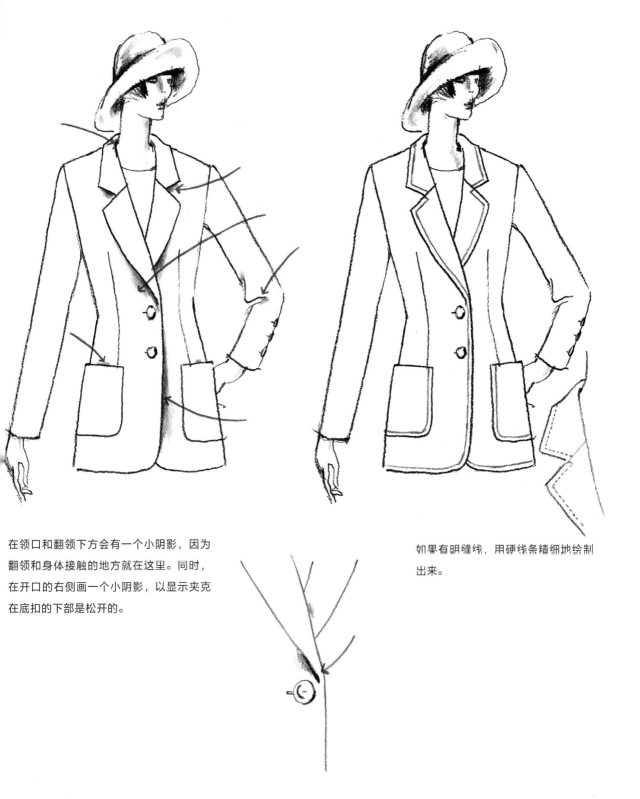

在领口和翻领下方会有一个小阴影，因为翻领和身体接触的地方就在这里。同时，在开口的右侧画一个小阴影，以显示夹克在底扣的下部是松开的。

如果有明缝线，用硬线条精细地绘制出来。

为了保证西装的立体感，让翻领的线条停在稍短的边缘，这样的停顿会让西装看起来在动。因为面料被掀起，所以此处会产生一片小阴影。

西装型定制服饰的细节

西装领

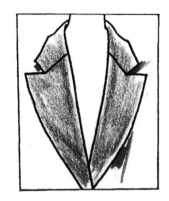

仿尖角西装领

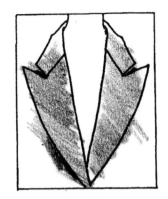

尖角翻领

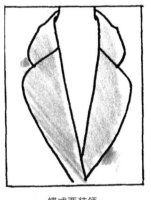

蝶式西装领

贴边口袋（一侧有开口）

管状的扣眼或嵌线带

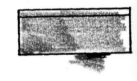

有盖口袋

贴袋

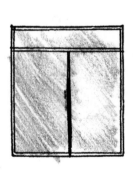

褶饰口袋

风箱式口袋

钥匙孔和包边纽孔

松覆肩（后视图）

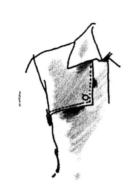

松覆肩（前视图）

抵肩

后腰带与后开缝

肩饰

肘部补丁

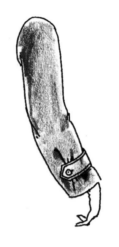

袖带

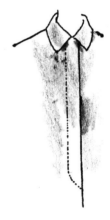

掩襟

鞍形线缝

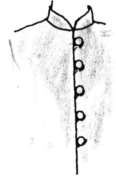

中式纽扣

盘花纽扣

金银线花边

夹克与外套板型

宽松式膨腰女衫

无纽女短上衣

卡蒂冈式开襟毛衫

香奈儿套装

尼赫鲁外套

斯宾塞外套

无尾燕尾服或女休闲服

猎装

诺福克外套

骑士装

罩衫　　　　　　豌豆装　　　　　　软领长大衣　　　　　紧身连衫裙

风衣　　　　　　粗呢大衣　　　　　马球大衣　　　　　　后掠式大衣

女斗篷　　　　　　机车夹克

Saint Laurent 1976-1977
彩铅、有色纸

第 21 章

配饰

配饰能提升服装的美感， 并能给
时装人体带来巨大的戏剧性表现力。就像设计师为时装秀精心
挑选配饰一样，设计师也应该为时装插画同样精心挑选配饰。
通过对时装秀的照片进行研究，你会发现，配饰往往具有戏剧
性效果。在生活当中，看起来很漂亮的小古董耳环永远不会出
现在时装秀上。对时装插画而言，也是同样的道理。将配饰视
为服装设计的一部分，并注意它们与服装的比例关系。此外，
在绘制配饰时，仔细审视配饰在时装插画中的细节和体量。

Ferrè /Dior 1994

帽子

帽子是戴在头上的配饰。帽子可以匹配头部尺寸，可以下拉至眼部，也可以像是"坐"在头顶。

在 20 世纪上半叶，帽子几乎与服装同等重要。很难想象，20 世纪 20 年代、30 年代或 40 年代的时装没有帽子会是什么样子。所有迷人的电影明星和打扮时髦的女性，无不将帽子作为自己全套服装的一部分。

如今，尽管帽子已呈现出一种新的、更休闲、更有趣的姿态，但大多数设计师仍然以帽子作为自己服装设计的完美收尾。无论是为西装增添了别致光泽的、巨大的有边帽子，还是与鸡尾酒礼服搭配的有趣的薄纱小帽子，都是设计师对时装外观的最后宣言。

宽式花边女帽

钟形女帽

帽子的画法

帽子有以下两个主要的部分：

- 帽冕，也就是正好契合头部尺寸的部分。

- 帽檐，也就是与帽冕相连的帽子边缘部分。帽檐既可以是窄小的，也可以是宽大的，更可以是造型夸张的。帽檐既可以上卷露出脸部，也可以遮住脸部，产生戏剧性的效果。

对帽子而言，最重要的是戴在头上要合适，可以用围绕着头部的虚线来帮助实现此要点。先画出帽冕，再画帽檐是明智的选择。如果帽檐是焦点，把你所能想到的创意全部赋予它。尽可能以连贯的、优雅的线条来画出帽檐。

在绘制钟形帽子或者任何与头型极其相称的帽冕时，"下拉"帽子到头上，制造出短发的效果，在靠近脸部的区域涂上阴影。

将帽子当作绘制时装插画的最后点睛之笔。作为时装人体的一部分，可以将其绘制成有趣的、富有创意的品质。

帽子款式

软毡帽

布列塔尼帽

苏格兰无檐毛料帽

圆顶礼帽

宽边圆顶女帽

平顶硬草帽

贝雷帽

棒球帽

筒状女帽

水手值班风帽

头巾式女帽

鸭舌帽

首饰

首饰，无论真品还是道具，都是纯粹的装饰性配饰。重要的是，它要与时装人体的比例相称。想想耳环的大小与人物脸部的比例，或者项链的长短与上装的比例。在绘制首饰时，一定要考虑到你要呈现的时装整体效果，而不是某个宝石、链珠或某处细节的效果。另外，要确保项链看起来的的确确戴在脖子上。通常，最靠近脖子的链珠会呈现为半球形。

短项链和耳钉

歌剧长项链和吊灯式
耳环

吊坠

绳串项链和纽
扣耳环

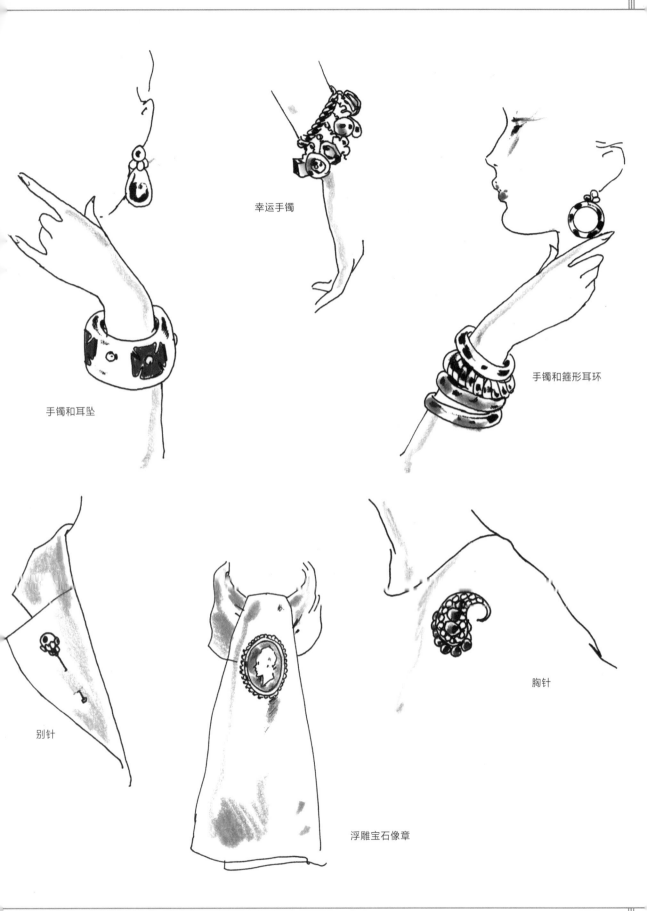

幸运手镯

手镯和箍形耳环

手镯和耳坠

别针

浮雕宝石像章

胸针

围巾和蝴蝶结

围巾是一种可以围在脖子上，搭在肩膀上或者随意披在人体上的配饰，是给人体增加动感的好方法。围巾可以是柔软的，也可以是有流动感的；可以是由手工或机器制作的卷边，也可以是带流苏的边缘；可以是纯色的，也可以是印花或手绘的。围巾的边缘通常会有装饰。

长围巾可以系成蝴蝶结。蝴蝶结包含五个部分，分别是两个环圈、一个结头和两个饰带。

尽量在面料允许的情况下突出褶饰。当你绘制蝴蝶结的饰带、又长又窄的围巾的时候，想象突然吹来一阵风，它们以愉悦的节奏飘动，边缘的线条可以创造出有趣的运动感。

结头

环圈

饰带

软蝴蝶结

（腰带上用的）蝴蝶结

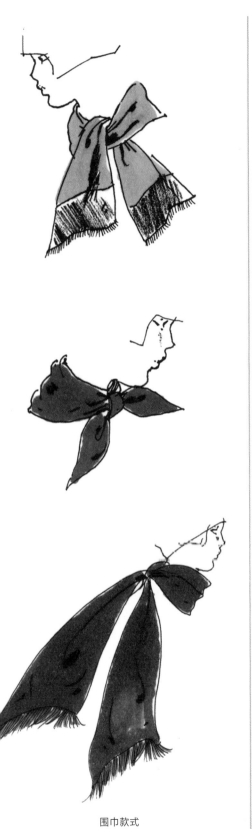

围巾款式

女士长围巾

披肩

披肩是一种比普通围巾大的披
风，既可以用于装饰，也具有实际用
途。披肩可以由机织面料、印花面料
或针织面料制成，也可以用流苏作为
其细节装饰。披肩可以包裹在身体上
或随意地披在肩膀上。在画披肩的时
候，请记住，它可以给原本简单的外
套增加美妙的、额外的变化，要将这
一点发挥到极致！

手套

手套既可以作为寒冷天气中的保暖工具，又可以作为时尚的时装配饰。手套是时装的附加物，既可以由精致的钩针编织而成，也可以由结实的皮革等材料制成。用毛皮制成的手套显得更大。绘制手套的时候，确保能够清晰呈现每一根手指的形状，并轻轻标示出接缝线或其他细节。

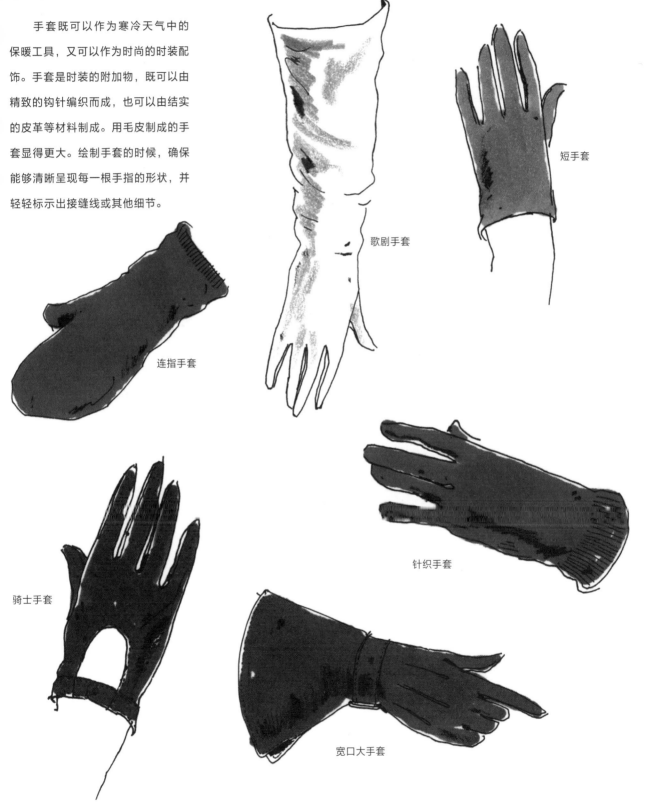

歌剧手套

短手套

连指手套

针织手套

骑士手套

宽口大手套

手袋

手袋可以提在手上，也可以挂在肩上。手袋的范围极广，从极小的晚装包到几乎行李箱大小的背包，都包括在手袋的范围内。在绘制手袋时，要仔细审视其与身体的比例，特别注意细节和接缝线。如果手袋有特殊的结构，要清晰地绘制出形状；如果没有特殊的结构，就用更柔和的笔触来绘制。

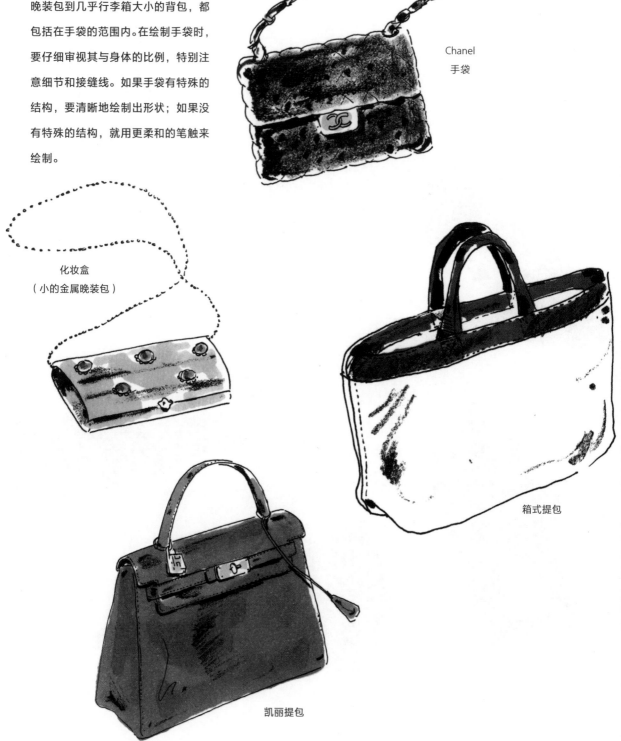

Chanel
手袋

化妆盒
（小的金属晚装包）

箱式提包

凯丽提包

单肩背包

双肩背包

腰包

女士手袋

束带提包

鞋子和靴子

鞋子和靴子的款式种类繁多，从芭蕾舞鞋到路易十五高跟鞋，从钉鞋到坡形厚底鞋，从牛仔靴到军靴。它们可以是精致的、性感的、粗陋的，也可以是纯功能性的。

无论何种款式，在绘制鞋子时，其形状都是基于三角形的。

鞋跟越高，三角形越高；鞋跟越低，三角形就越低。而且，所有的鞋子都有一个前中部位，它随脚转动。鞋子上的所有细节和装饰必须与鞋子的前中保持精准一致。

平底鞋的基础形状是一个非常低的三角形。在正面视图中，鞋的内部会显得更直，而外部则显得更圆。当脚部的角度发生变化，鞋也将随之产生透视变化。鞋底位于三角形的底边。在侧面视图中，鞋和脚几乎呈三角形。

鞋跟越高，三角形越高，脚背也越高，脚背开始出现拱形。前脚掌稳固地踩在地面上。为了准确起见，建议你在画完鞋的其他部位之后再画鞋跟。

靴子的高度可以从脚踝开始向上延伸到大腿。请记住，通常要把靴子画得大些，因为靴子使用的材料更多，比如面料、绒面革、乙烯基材料或动物皮革。

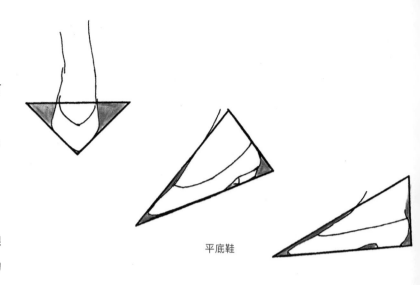

平底鞋

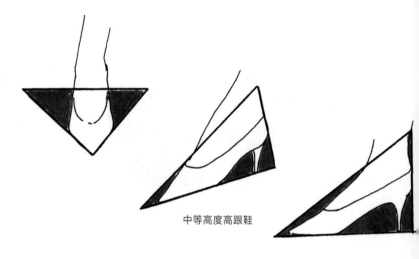

中等高度高跟鞋

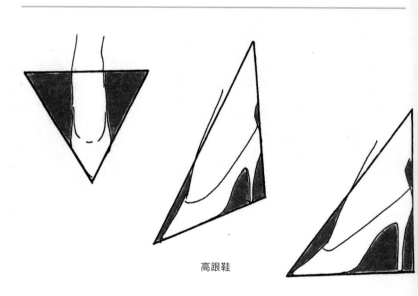

高跟鞋

鞋子款式

软底低跟女便鞋

包麻底台布面鞋

路易十五高跟鞋

踝带鞋

平跟船鞋

背带式平底女鞋

软帮鞋

后袢式（露跟）浅口鞋

木屐式坡形高跟鞋

丁字鞋

鞋子款式

吉利鞋

蜜儿拖鞋

木底鞋

Chanel 潘普鞋

压褶靴

观赛鞋

劳动靴

胶底帆布鞋

马靴

整合配饰

　　无论是优雅的精致，还是夸张
的奢华，在设计配饰时最重要的原则
是：它们应该与服装整体造型相匹
配。在把它们绘制到时装人体上时，
它们应当与其他设计元素很好地融合
在一起。

Gaultier 2003 – 2004

第 22 章

装饰时装人体

现在， 我们假设你已经学习和练习过本书所有的绘画技巧了；掌握了仔细研究和观察时装人体各个部位以及服饰及其对应的各个部位的方法；你已经设计出了一件令自己满意的精美的服装，并绘制出淋漓尽致地展现服装气质和风格的时装人体。那么，接下来你应该开始考虑添加最完美的配饰了。帽子和其他配饰在塑造时装人体方面起着重要作用，就像设计师在筹备时装展时寻找完美的模特、发型师和化妆师一样，插画师也必须为自己绘制的时装人体搭配完美的配饰。

在设计和绘制配饰时，需要考虑到：生活中精美的配饰可能并不合适穿戴在时装人体上。当时装模特在 T 台上走秀时，她会处于一个比现实生活更大的空间当中，那些在现实生活中佩戴的精美的小钻石饰钉，在 T 台上就会"完全消失掉"（被淹没在巨大的空间之中）。

另一方面，帽子往往成为一件时装的点睛之笔，让 T 台上的模特有了更强的存在感，而且它还会为一件时装艺术作品带来时尚的外观、恰到好处的润色和戏剧性效果。

因此，在描绘时装人体时，我们要选择一款能够彰显个性的配饰，无论是简约、富有现代感的手镯，还是奢华、风格夸张的吉普赛风帽。

让我们将一些主要的配饰外观分类，这样你就可以把它们整合到你的时装作品当中了。时装人体的配饰可以分为以下几种类型：

- 经典型
- 高级时尚型
- 清纯型
- 异域风情型
- 夸张型
- 复古型
- 反常型
- 组合型

本章中的渲染使用的是美国三福彩铅。

经典型

  经典的妆容总是能经受住时间的考验。经典的配饰在经历了漫长的岁月后依旧光影照人。珍珠、手镯、帆布鞋、发卡、蜥蜴色腰带、高跟鞋、肩包或手套，这些经典的配饰从未真正"流行"或"过时"。在20世纪50年代和60年代，Main Bocher 在他的高级定制时装系列中，以及 Anne Klein 在她的运动服装系列中，都经常使用经典型配饰。目前，Ralph Lauren 的时装设计是经典型配饰的完美例子。

Ralph Lauren
20世纪80年代

高级时尚型

　　高级时尚型往往是将经典型用
新奇的手法呈现出来。其配饰的尺寸
更大或更小，使用出人意料的颜色，
或表现出有节制的、打磨抛光的奢华
形式。高级时尚型时装的质量和工艺
总是最好的。彰显个性的帽子，大胆
而有品位的珠宝、皮草或珠宝装饰，
奢华的披肩和围巾、靴子、手袋或其
他特殊的皮革以及绒面革配饰都能让
高级时尚型时装看起来更有品位。
穿着 Givenchy 品牌时装的 Audrey
Hepburn 永远是这种装扮的完美典范
之一。其他高级时尚型时装设计师包
括 Yves Saint Laurent、Valentino、
Oscar de la Renta 和 Dior。

Audrey Hepburn 穿
着Givenchy品牌
时装
20世纪60年代

清纯型

　　清纯型在使用配饰时装需要非常谨慎。通常，一件彰显青春特质的配饰就足以让整个造型融为一体。这件配饰可以很张扬，但是不能浮华。在半个世纪的时间里，Mme. Gres 一直将这一造型作为她的标志性时装人体类型。这是对她经典褶皱礼服的完美补充。20 世纪 20 年代，Halston 搭配了 Elsa Peretti 的首饰设计，提升了他简单而经典的服装格调。如今，Calvin Klein 和 Ciorgio Armani 的设计则最完美地体现了清纯型的时装人体。

Calvin Klein 1995

异域风情型

异域风情型的造型借用了其他文化和时期作为创作灵感。设计师们可以细致地研究这种类型，也可以将其作为自身创意的起点。丝巾、头巾、珠子、项链、手镯、刺绣以及做工精细的手套、腰带、鞋子或靴子，都有助于打造这种类型的外观。这些配饰中的许多元素都可以用一种奢华的方式结合在一起，并且相得益彰。在 20 世纪 70 年代末，Yves Saint Laurent 的吉普赛风格设计启发并影响了许多设计师。Saint Laurent 经常在他丰富多彩的成衣系列中运用不同文化元素，Mary McFadden 也经常在她的奢华配饰和标志性的褶皱晚礼服中运用异域文化元素。

Saint Laurent 1976

夸张型

　　夸张型将时尚发挥到了极致。过去这种类型被认为是糟糕的品位，如今已经逐渐被人们接受。这是一种从来不以克制为基础的时装，有时候还是对大众品位的夸张演绎。

　　John Galliano 经常以这种半开玩笑的方式表现他的 Dior 系列作品，通过过度夸张或扭曲的诠释，给经典的 Dior 作品带来新的注释。Christian Lacroix 是夸张型设计的大师，他用奢华的高级定制时装系列把"夸张风"推向极致。

Lacroix 1994

复古型

　　复古的灵感来源于过去。设计师会选择一个特定的时期，比如 20 世纪 30 年代或 20 世纪 60 年代，从这个时代汲取一些服饰元素，然后夸大其外观，使之适应当代。几乎每个水平层次的设计师都曾尝试过复古风格。Yves Saint Laurent 的高级定制时装系列，以 20 世纪 40 年代为主题，Anna Sui 在她充满活力的设计中，经常以令人吃惊的方式展现复古造型。

Saint Laurent 1995

反常型

　　"反常型"是一种古怪的、非常个性的配饰方式。它并不是对所有人都具有吸引力，但是此类时装的设计师通常拥有一批狂热的"死忠粉"。各种稀奇古怪的灵感可以来源于任何地方和事物，包括五金店，甚至宗教。

　　20世纪30年代和20世纪40年代，Schiaparelli 的标志性作品包括墨水瓶状的帽子、五金固件配饰以及印有西班牙画家 Dali 绘制的大龙虾的晚礼服。在过去的数年里，Comme des Garcons、Romeo Gigli、Issey Miyake 和 Franco Moschino 以最新颖、最幽默的方式将人们熟悉的与意想不到的事物结合起来。每种反常型时装人体都在设计和配饰中融入了个性元素，其效果往往是一眼可辨的。

Issey Miyake 1986

组合型

　　组合型时装通常将两种以上的风格结合在一起，比如将高级时尚型和经典型款式相结合。设计师也可能在一个系列中使用高级时尚型，而在另一个系列中使用异域风情型。

　　Gianni Versace 将复古型和高级时尚型相结合，借用了 20 世纪 60 年代的简洁线条，但使用了银缎子等高级时尚面料，重新设计了一套服饰，既体现了 20 世纪 60 年代典型短装外套的风格，又表现了 20 世纪 90 年代典型的缝纫手法。同时搭配蓬松的长发、浓重的眼妆和高跟的缎子靴，使整个造型更加完美。

　　构思一幅时装插画如同设计师构想一个时装系列。在你拿起铅笔画画之前，所有的思考和谨慎都会给你的插画绘制带来效果堪比一场精心策划的成功时装秀的收获。

Versace 1995

美国三福彩铅、水彩

第三部分

渲染技法

Rendering

Bill Blass 1988

第 **23** 章

条纹与格子花纹

条纹和格子花纹已经很流行了，

是生活中极为常见的服装设计，因此很容易被忽略。大多数人的第一件条纹服装可能是婴儿时期的粉白条纹或蓝白条纹的全套婴儿服，再搭配一顶条纹帽子！小时候，我们都有最喜爱的格子花纹衬衫或是裙子，即使洗过多次已经褪色，却仍然珍爱有加。

条纹既可以像纽扣衬衫上的条纹一样低调简单，也可以像色彩鲜艳的吉普赛裙上的条纹一样引人注目。它们可以是编织在面料上的阴影细条纹，也可以是印制在服装的明亮的遮阳蓬条纹。

格子花纹既可以体现学校校服的纯真，也可以展现窸窣作响的塔芙绸舞会礼服的精致；既可以像小型编织服饰上的牧羊人格子一样复古，也可以像爆裂的碎布格子一样大气现代。但是，所有的格子花纹都基于 1500 年前的图案风格。

有些设计师在他们的时装系列中经常使用条纹和格子纹，而有些设计师则很少用到。格子花纹虽然时兴时衰，但始终是经典款式。不管你喜欢与否，掌握绘制它们的方法都是最重要的。因为它们是在水平和垂直方向环绕全身的直线线条，所以不能随意画成交叉状的线条。相反，它们有自己的逻辑性和对称性，当你掌握了这些基本原理，会感受到渲染格子纹所具有的挑战性，并在渲染的过程中获得成就感和表现力的提升。

Givenchy
1995

311

理解条纹与格子花纹

条纹是指一条垂直的、水平的或者呈对角线的色彩带或纹理带，可以由一种或多种色彩编织或者印刷。

条纹在宽度上可以有多种变化。运用前中线原理理解垂直和水平条纹，其组合成的图案则被称为格子花纹。格子花纹是由条纹直角相交构成的设计。

格子花纹和条纹的宽度可以是均匀的，也可以是不均匀的。均匀的格子花纹和条纹是平衡的，在各个方向上都有相同的线条和空间。无论宽度是否均匀，都可以由一种或多种颜色或纹理印制或编织而成。

均匀条纹　　　　　　　　　　　不均匀条纹

均匀格子花纹　　　　　　　　　不均匀格子花纹

绘制条纹与格子花纹

　　条纹或格子花纹最重要的颜色条位于衣服和袖子的正中央。这一颜色条也可以形成衣领、袖口、口袋或下摆的边缘，还可以与任何特定的设计细节相关联。

勾画垂直条纹

1 勾画一个臀部与肩膀处于相反方向的时装人体正面视图，用一条实线标示出前中线，这就成了这件衣服的主要条纹。其他所有条纹都以这条线为基础勾画。

画垂直条纹时，最容易犯的错误是从时装人体的一侧开始往另一侧画。为了获得正确的位置和透视，在绘制垂直条纹时，要从中心开始向一侧画，然后再从中心向另一侧画。

2 对服装的左半侧进行处理，以肩膀处（A点）与下摆处（B点）连线，将这一侧分成两半。用眼睛判断两点的位置（不要用尺子测量），现在将A点与B点连起来。

3 接下来，在衣服的右半侧做同样的事情。你会发现，由于面料的堆叠，上臀围一侧的条纹在腰部收缩的部位向内弯曲，经过上臀围线时又向外弯曲。最后在相交处将两条曲线渐渐融合在一起。

4—5 用垂直条纹均分衣袖或随着手臂的姿态划分。在臂弯处画出你在上臀围处画出的同样的线条。至此，你就可以更进一步地按照特定的尺寸精确驾驭服饰上的条纹了。成品时装上的条纹应该与身体的曲线相协调。继续绘制垂直条纹，从而渲染出特定面料的质感。

勾画水平条纹

遵循勾画垂直条纹的原理，我们可以将时装人体用水平条纹进行划分。从勾画一个臀部与肩膀处于相反方向动势的衬衫裙正面草图开始。

1 首先，将肩部和下摆之间的距离等分成两半，将A点连接到B点，这是衣服水平方向的中间线，不一定位于臀部。

2 接下来，将裙子下半部分分成两半，用略带弯曲的线将A点和B点连接起来。

3 用同样的方法划分裙子上半部分，把A点和B点连起来。你会发现底边到肩部方向的变化是渐变而平缓的。

4 接着，用同样的方法划分衣袖并连好线。

5 继续划分衣服的其他部位以渲染面料的质感。

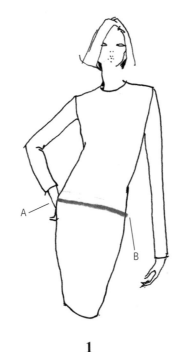

1

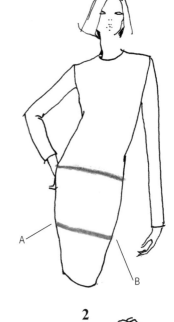

2

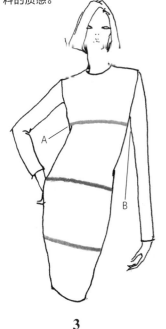

3

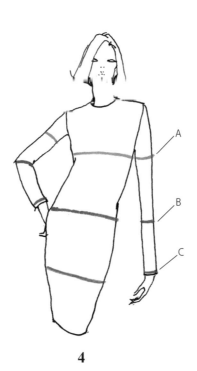

4

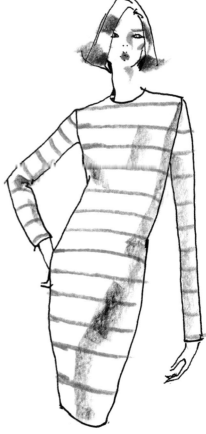

5

勾画半侧身时装人体的条纹或格子花纹

使用绘制正面视图中的同款衬衫裙来勾画半侧身时装人体服装的条纹。

1 首先，标出前中线的位置，确定离你近的一侧身体面积更大，离你远的一侧（显示乳房轮廓的一侧），面积更小。

2−3 接下来，按照正面视图的划分方法，分别划分前中线的左侧和右侧。

4 把衣袖分成两半，或者根据手臂的姿态进行划分。随着手臂的弧度轻轻勾画线条。靠近设计师的一侧，手臂会是伸展的，所以线条不会那么弯曲。

5−9 用与绘制正面视图相同的方法水平划分身体和衣袖。

10 进行初步划分后，可以添加更多的条纹来给予面料特定的表现力。

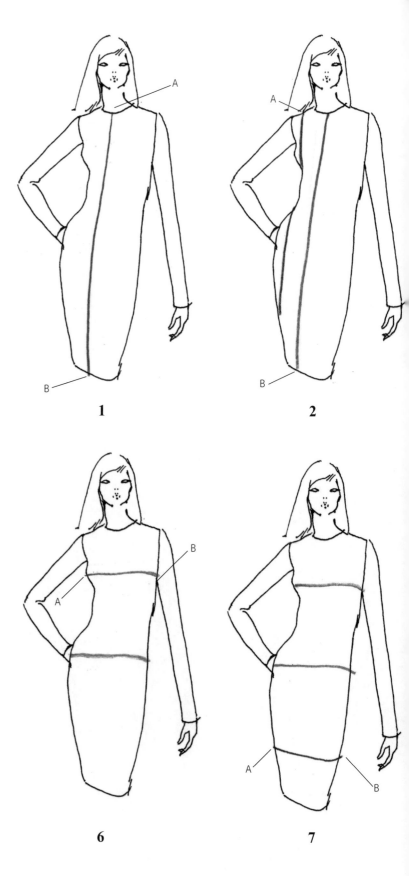

1

2

6

7

3

4

5

8

9

10

当肩膀和臂部处于相反的方向时，将水平线条延伸，你会发现，这些线条都在同一个消失点相交，这一点清楚地表明了身体的圆柱体透视。在画条纹与格子花纹时，需要记住的重要法则是：无论是在正面视图，半侧身视图还是侧面视图当中，当你划分每一个部分时，必须只在这个部分之内进行操作，并且遵循首先从前中线画到一侧，然后再画到另一侧的原理。

绘制条纹和格子花纹，需要非常精确的底稿，不管渲染的效果看起来多么轻松，条纹和格子花纹的位置都必须尽可能精确。不要试图在完成的作品上直接渲染条纹和格子花纹效果。

让面料与你保持两三英尺的距离，确保你只能看到重要的色彩和线条。条纹和格子花纹的绘制是有一定难度的，需要规划好，才能精准地绘制它们。然而，当你将所有水平条纹与垂直条纹结合在一起时，就得到了能够勾画任何条纹和图案的网格。这个网格也可以用于定位所有的设计和构造细节，这将确保你的绘图更具有准确性和对称感。

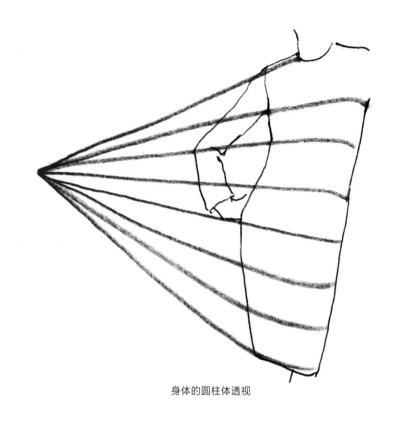

身体的圆柱体透视

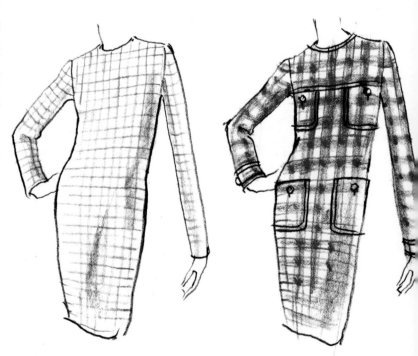

网格系统会为其他细节的准确性提供保障

通常，条纹和格子花纹会被斜裁，严格注意每个设计细节的裁剪方向。在画条纹和格子花纹时，要记住以下重要原则：

- 格子花纹与条纹在侧缝线上应该相搭配
- 当格子花纹或条纹以一定角度裁剪时，比如"A"字裙，它们会在斜接缝或点处相交
- 衣袖条纹或者格子花纹与服饰大身的相匹配
- 每一件衣服的条纹和格子花纹的位置与搭配都是独一无二的
- 在绘制条纹和格子花纹时，最常见的错误是：从上面开始，画到下面（或从下到上），或从一侧开始，画到另一侧，这是不可行的。因为，从臀部到与之方向相反的肩膀会发生一个方向的渐变。所以，正确的方法是从中线开始画，既可以从中线向上画到顶部（或从中线向下画到底部），又可以从中心向一侧画，再从中心向另一侧画。当然，在网格系统中工作将会帮助你解决这个问题。先将服装分成两半，并继续进行再分，这样可以逐渐呈现出垂直和水平方向的改变，不会让条纹和格子花纹出现混乱。

不要因为身体姿态的变化而扭曲条纹或格子花纹。只需要遵循人体正常的运动规律即可，但是要严格关注设计细节。利用软芯铅笔画出的柔和阴影会帮助你呈现出服装的方向感。

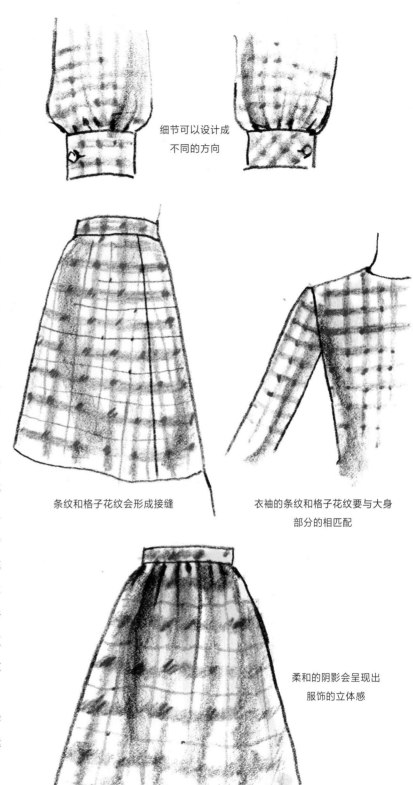

细节可以设计成不同的方向

条纹和格子花纹会形成接缝

衣袖的条纹和格子花纹要与大身部分的相匹配

柔和的阴影会呈现出服饰的立体感

条纹服饰与格子花纹服饰

Jean Paul Gaultier 在这件高级定制服装中使用了同一种格子花纹的两种尺寸，在这类时装中常常会有夸张的比例与身形的表现。

衣领非常高，且紧贴颈部。外套外面有一件舒适合身的背心，在巨大的黑色腰带与十分丰满的裙子的映衬下，腰身更显紧窄。

在这件特别的外套中，格子花纹相当复杂，绘制时需要主动进行简化。在绘制任何格子图案或印花图案时，把面料放在离你两三英尺远的地方，这样，你就能捕捉到它的精髓，而不会陷入所有细节，被动地描摹。

Gaultier 2007/2008

Bill Blass 的这套西装是经典剪裁的杰作，他绘制的垂直细条纹遍布全身，但又通过贯穿大身部位的斜条纹产生一种意想不到的曲线感。

自始至终都要注意条纹的方向，任何条纹和格子花纹都要从中间开始画，再向两边延伸。

上领和翻领的条纹方向都不同，大多数的定制服装都是这样裁剪的。

在绘制一件剪裁得体的西装时，要保持肩部的平整，并使其身形保持平顺。仔细研究夹克与裙子的关系，衣袖的宽度和领圈的大小。生产一件定制的西装型时装需要花费数小时制版、裁剪和缝制。在绘制这样的服装时，线条应该精确且干净。

Bill Blass 1995

James Galanos 设计的这款连衣裤和外套，都使用了超大号的格子花纹。再次强调，条纹的位置至关重要。格子花纹出现在裤子的下摆，夹克的边缘，翻领和上领，以及每条腿的前中线上。这种对细节的严格把控和完美关注，正是这类服装价格如此昂贵的原因。请确保你的作品遵循与原作同样的严谨精度。

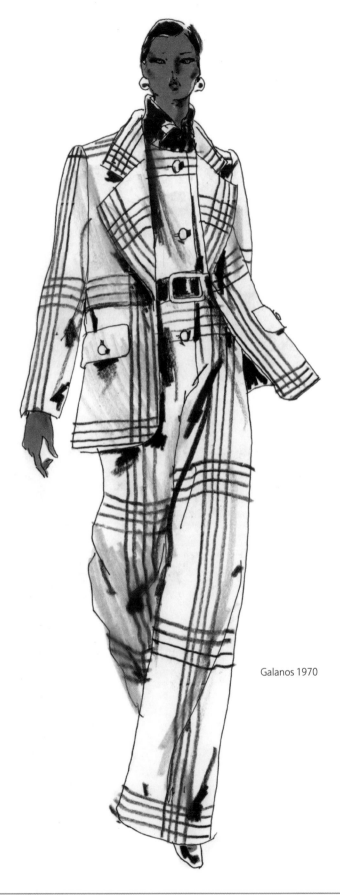

Galanos 1970

Pierre Cardin 设计的这身侧边套装，采用了大量的格子斜纹剪裁。因为面料具有相当的延展性，所以斜边剪裁使这套衣服显得更紧身。

请注意，虽然格子面料是由垂直和水平的线条构成的，但线条看起来会有轻微圆曲的视觉效果，那是因为它们要画在以身体为内在支撑的圆柱体基础之上。

如图所示，巨大而奢华的衣领与修身、窄袖形成了一种视觉上极端的对立效果。

夸张和对立使得这幅时装插画产生强烈的戏剧性效果。

无论是精细的描绘还是松散的渲染，条纹和格子花纹的方向、比例和位置都必须是完美的。请记住，草图绘制得越精确，成稿就会看起来越轻松。

Cardin 1966

Perry Ellis 1982
马克笔、美国三福彩铅

第 24 章

针织

针织面料与机织面料的主要区别是，针织的针线具有弹性，可以让省道与缝线消失不见。针织的结构所具有的张力，使缝合的部分可以非常紧密地贴合在一起，不会裂开。而且针织是用棱边、卷边或钩针编织的边缘收尾，而不是用传统的边缘和边饰来收尾。

螺纹的"穷小子"毛衣、氨纶紧身连衣裙或紧身衣套装，都是紧身针织衣的代表。通常情况下，这些服装的体量是比身体小的，除非穿在身上，否则很难确定服装是否合身。另一方面，针织衫又可以是超大体量且奢华感爆棚的。整个身体似乎都消失在衣服下面，脖子被很高的立衣领完全包裹，衣袖长到盖住手指。有时候，就像一件经典款毛衣一样，针织衫的合身程度又会介于这两个极端之间。

针织衫是非常普遍且百搭的，可以穿出许多不同的形式和组合。针织的表面可以非常平坦，也可以非常有触感。色彩上可以是简单的、纯色的，也可以是复杂的、绚丽的。搭配上可以使用许多对比色和不同的纹理。各种尺寸和质地的纱线可提供多种不同的组合形式的选择。针织物也可以与梭织物相结合，形成有趣的对比效果。此外，针织衫还可以加入串珠或装饰图案的变化。今天，针织技术可以用来打造帽子、手套、衣服、裤子、外套或毛衣等任何服饰与配饰。由于现代制衣技术的发展，更是可以产生无限颜色的变化和纹理的组合。

Yohji Yamamoto 2003

针织成衣的基本分类：

· 手工织品：完全用手工织成的
  服饰。

· 手工织造：在针织机上手工操作
  制成的服装。

· 裁缝结合：用赛格布裁缝结合而
  成的服装。

· 电脑编织：可以设计许
  多复杂的图案，随着
  科学技术的进步，可
  以提供更多种颜
  色与款式设计的
  选择。

女士两件套

超大号且奢华的垂褶领

迷人身段罗纹
针织

有的纱线很薄，如指缝纱线，
有的纱线很厚，如大块精纱线。就针
距（每英寸编织的针数）而言，下面
的针织样表显示了不同类型纱线的基
本分类：

指缝纱：每英寸可编织7至9针

运动纱：每英寸可编织5至7针

精纺毛线：每英寸可编织约4至6针

大块精纱线：每英寸可编织约3至5针

纱线纤维既有最奢华的，也有纯粹实用的。以下是一些奢华的纱线纤维：

- **开司米**：这种纤维是从克什米尔地区的开司米山羊的绒毛中提取的。

- **安哥拉兔毛**：一种柔软、有绒毛的纤维，是从安哥拉兔的绒毛中提取的。

- **马海毛**：一种长的、白色、有光泽的纤维，是从安哥拉山羊身上提取的。

结子花式纱

用于编织的其他天然纤维有：棉花、羊毛、亚麻和丝绸。被广泛使用的还有人造纤维，包括人造丝和腈纶。

按质地和重量划分，纱线也可以分为许多种。当绘制这些由纱线编织的衣服时，注意不要在服饰最外面的边缘使用硬线，尽量让你的线条复制出以下线条质感：

- **毛线**：有卷曲的环状纹理，使用马克笔或铅笔效果都很好，绘制时保持服饰外缘弯曲的节奏感。

- **马海毛**：用干刷子表现其模糊的纹理效果会更好。

- **安哥拉兔毛**：毛质柔软，使用干刷子表现非常有效，尽量绘制出毛茸茸的温柔触感。

- **雪尼尔**：有一种厚厚的天鹅绒般的质地，使用较重的马克笔或柔软的铅笔，可以帮你绘制出恰到好处的丰富色彩。

- **金属**：具有闪闪发光的特质，使用马克笔、铅笔和刷子效果都很好，之后再用一些点状笔触来表示服装表面的闪光。

马海毛纱

安哥拉兔毛

雪尼尔

金属

除此之外，还有其他纱线种类。并且，这些纱线（包括前文提到的纱线）可以任意组合在一起，从而产生不同类型的针织、针脚和图案（右图所示），其中包括：

平针线迹

这一类别包括：

- **隔行正反针编织法**：这是一种用于制作平针织物的基本平针织法，由先织一排，再织另外一排的方法进行编织，适用于许多不同类型的针织材料，羊绒、设得兰毛衣和运动衫都可以采用这种织法。
- **双反面针织**：与隔行正反针编织法相反的一种织法，适用于同一类型的服装制作。
- **吊袜带**：一种通过单独编织每一行来组成完整织物的针法。这里的例子是将单行独立编织的吊袜带线圈用隔行正反针编织法呈现的织物式样。

隔行正反针编织法

双反面针织

吊袜带

凸显纹理的针织

这一针织类型包括：

- **粗索纹**：这种针脚会产生一种类似绳索纹理的图案，在这种看似绳索的图案中，成组的针脚相互上下交织在一起。

- **点针纹（蕾丝）**：这是一种通过使用转移针或滴针的针织方法，在织物上形成小圆洞的纹理针织方法。

- **渔夫纹**：这是一种编织形成类似于渔夫的缆绳肌理和以"之"字形为特征的针织方法。

- **罗纹**：这是一种正反针交替使用的针织方法，具有垂直条纹效果。这种针法的织物要比平针织法更有弹性，适合在服饰需要收紧的部位使用。很多时候，这种针法被用于编织局部的装饰，如腰带和领口圈。

- **爆米花纹**：这是一种每一针都看起来像是一个小缀珠的针织方法，通常利用对比色织料进行编织，从而呈现出比较新奇的效果。

粗索纹

点针纹

渔夫纹

罗纹

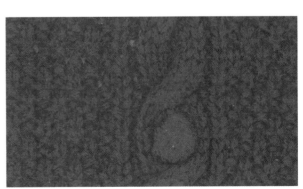

爆米花纹

针织图案

针织图案的类别包括:

- **费尔岛式(多色几何图案)**: 这些
  图案通常是利用许多对比色织料
  呈现的,不同色彩的织料由针织浮
  纬(在背面)连接针脚。构成的图
  案可以是抽象几何图形、小动物和
  美丽花朵等任何内容。这种费尔岛
  式针织图案经常用于围巾、帽子和
  毛衣的制作。

- **嵌花编织**: 属于一种平织图案,用
  纯色织料编织,面料的正反面看起
  来图案相同。嵌花编织经常用于毛
  衣的几何图案制作。

- **菱形花纹编织**: 一种编织的提花
  法,使用多种颜色的织料,制成菱
  形或彩格图案。菱形花纹编织被广
  泛应用于袜子和毛衣装饰。

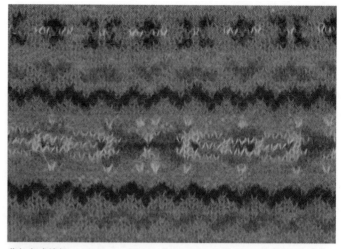

费尔岛式编织

嵌花编织

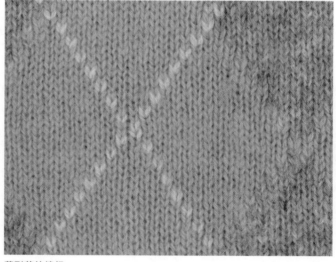

菱形花纹编织

在制作针织服装时，可以将针织针脚和图案任意组合。在绘制针织服装时，要保持用线的柔软度和丰富性，让线条在质感上复制出针织品的感觉和纹理是非常重要的。

折边要圆厚，避免画出单薄的收边，服饰下摆和衣领也要表现得圆润。除非是非常平薄的针织衫，如 T 恤或开司米等细针织羊绒纱线的织物，否则应该尽量避免画出单薄的收边。

在绘制带有图案的针织衫时，要把条纹和图案轻轻地勾画在正稿和草图上，勾画的图案往往只有一种轻微的"起伏感"，而不要画成立体形状的感觉，这样才不会破坏服饰的整体美感。

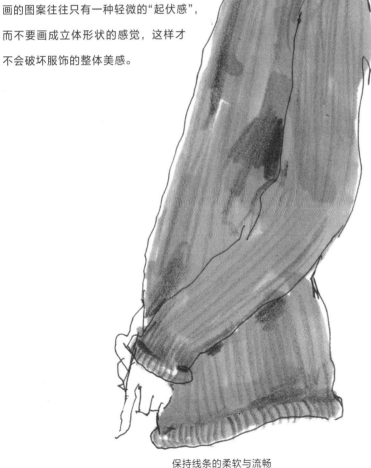

保持线条的柔软与流畅

勾画的图案往往只有一种轻微的"起伏感"，而不要画成立体形状的感觉

以下细节会出现在许多针织服饰上：

- **罗纹：** 用来修饰领口、袖口和服饰下摆，也用于帽兜、单层翻领毛衣和高领毛衣的制作。

罗纹

- **全成型：** 这是一种塑造服装细节的常见方法，经常用于袖窿处，需留意在缝合外的痕迹。

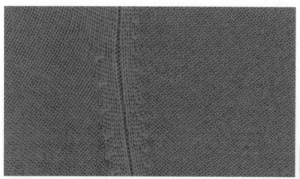

全成型

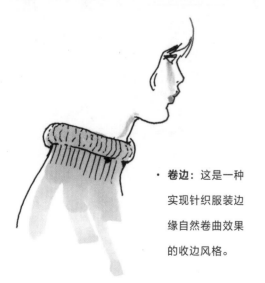

- **卷边：** 这是一种实现针织服装边缘自然卷曲效果的收边风格。

卷边

针织服装的款式

卡蒂冈式开襟毛衫

高领毛衣　　　　　　　中层翻领毛衣　　　　　　亚褶领　　　　　　　　儿童装

套头衫　　　　　　　　背心式毛衣　　　　　　　珠饰毛衣　　　　　　　毛衣两件套

马克笔、三福彩铅

第 **25** 章

渲染理念

渲染是插画师用以诠释面料的一种艺术方式。它可以帮助插画师明确详尽地定义一件衣服，因为它向我们展示了衣服实际上看起来的样子（这其中包含了构成美感的诸多因素）。然而，渲染并不能掩盖绘画作品中的不足。

渲染的过程从线条的绘制开始，在没有任何阴影和颜色的情况下，线条的表现力其实已经足以提供大部分服装的信息。线条展示出服饰轮廓和剪裁，衣服上身的方式，构造的细节，面料的重量和触感，也就是服饰的"手感"。除此之外，其他所有信息都来自渲染的过程。

渲染会告诉我们衣服的面料是塔夫绸还是缎子，是羊毛绉还是羊毛针织物，是雪纺还是乔其纱。渲染还会向我们展示颜色、印花的比例或面料的纹理质地。它将使时装插画作品得以完整的呈现。

有许多不同的绘画工具或工具的组合，可以用来渲染相同的面料，正如许多不同的表现技法可以用于渲染一样。渲染可以是紧凑和精确的，也可以是松散和随性的；可以用以呈现整件衣服，也可以只用于示意其中某个部分。最重要的是，渲染是非常个性化的，可以有许多不同的方法来实现插画师的追求。

从非常轻到非常重，面料厚重度差异很大。毛织物中，可以从最轻、最纯的羊毛到沙酥和绉，再到厚重的梅尔顿羊毛。丝织物中，可以从丝绸雪纺或乔其纱，到丝绸查米尤斯绉缎，到沉重的丝绸绉纱或丝绸缎。由于不同材质的天然差异，甚至是在表现同一类别的面料时，也不能假定只用一种技法来渲染丝绸、羊毛或其他面料。但是对于面料的厚重度差别的表现，应该是首先要考虑到的因素。

Lacroix 1997

如果你收拢一码真丝雪纺和羊毛绉纱作对比会发现，雪纺绸比羊毛绉纱占据更小的空间，因为其很轻薄。雪纺的下摆处会呈现更多的曲线边缘，而相比之下，羊毛绉纱下摆处的曲线边缘则会少得多。

正因为如此，如果要用这两种面料做一件相近款式的衣服，雪纺要比羊毛绉纱用到更多码数的面料。

另一个需要考虑的问题是面料的"手感"，这是通过触摸可以感知到的面料特征。面料可以是柔软的、结实的、利落的、精细的、沉重的等等。例如，丝绸绉有着柔软的手感，所以丝绸绉服饰穿在身上会比较贴身。另一方面，蝉翼纱的手感更利落，因此蝉翼纱的服饰穿在身上会比较飘逸。

丝绸雪纺　　　　　　　　羊毛绉纱

丝绸绉纱

蝉翼纱

面料种类

根据本书的需要，我们将面料分为四个类别：（1）毛织物和其他纹理的面料；（2）反光面料；（3）透明面料；（4）印花面料。为了理解这些类别，我们逐一学习。

毛织物和其他纹理的面料

这个类别包含有三种面料厚重度：轻质、中等和厚重。轻质面料包含薄羊毛、羊毛平纹织物、仿羔皮呢。中等厚重面料包括羊毛绉纱、羊毛针织物、羊毛法兰绒和羊毛华达呢。厚重型面料包括梅尔顿羊毛、绒头织物、马海毛、羊绒、骆驼毛、小羊驼毛和双面羊毛。有纹理和图案的羊毛也属于这一类，包括粗花呢、格子呢、人字形羊毛和格子羊毛。请记住，许多面料仅仅因为某种特殊的结构，而转换成为另外一种类型，所以你必须自己给出判断。

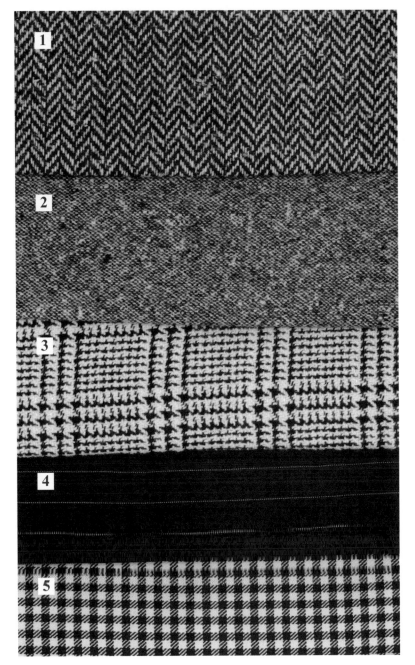

毛织物图案

1 人字纹带
2 粗花呢
3 斑点粗呢格
4 细条纹
5 格子纹

一般来说，毛绒织物柔软而易弯曲，有时带有粗糙或带绒毛的纹理。最好使用能够产生柔软质感的工具渲染，如微干的刷子、软铅笔或彩铅与马克笔等组合。因为毛织等物不反光（它们可能有暗淡的光泽，但这是例外），所以通常只有两个颜色明度基调：基础色与较深的阴影颜色。

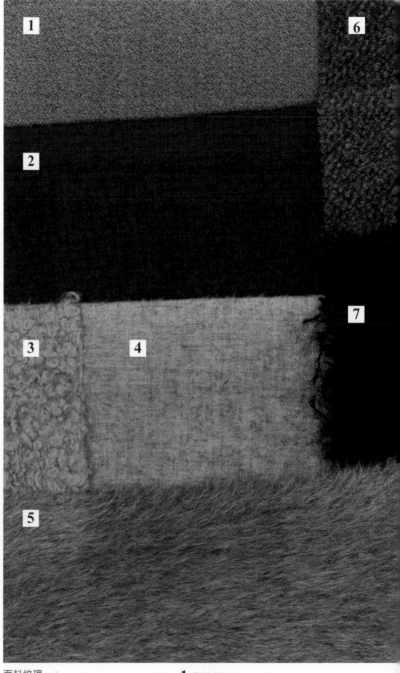

面料纹理

1 华达呢

2 方平组织

3 捻线绒头

4 法兰绒

5 羊驼毛

6 致密的纹理

7 马海毛

绘制"毛织物"面料

驼绒呢大衣使用马克笔进行渲染，用主色处理衣服的主要部分，阴影和褶皱用较暗的颜色处理。请记住，毛织物面料越厚重，衣领和袖帽、下摆的褶皱就越明显，不要"过分渲染"，偶尔留个边，保持阴影的柔和呈现。

马克笔对于渲染整体颜色效果很好，而柔性彩铅用于突出渲染重点。一些斜纹织的毛织物、华达呢或粗糙的毛织物可能需要运用斜线来体现出纹理的质感。粗花呢可以用对角线、十字阴影和斑点笔触来渲染，通常有两种或两种以上的阴影或色彩。特殊的纹理如方平织、捻头绒布、纱节或罗纹也可以利用一只削尖的铅笔或马克笔来渲染。生丝和灯芯绒也可以用这种方式呈现。

右图的多层服装面料就由许多类型的纹理和编织方式组成，并且由彩色马克笔和三幅彩铅渲染而成。这种双面的（可以正反穿的）羊毛大衣，外面是人字纹理，内里是窗格纹。夹克的粗花呢质感用马克笔和彩铅来渲染，而裤子的斜纹用彩铅渲染，背心的灯芯绒也是如此。

分层的视觉效果

马海毛、绒头织物和有"毛"的或"细毛"的毛织物，应该有柔和的边缘。这件摇摆外套是用深灰色的柔性彩铅勾勒出轮廓的。不要在任何拉丝或马海毛类型的毛织物上使用粗硬的轮廓线。驼毛外套的边缘可以渲染出稍硬的质感。

马海毛摇摆外套

反光面料

　　反光面料反射光线，包括从稍有光泽的丝质绉纱，到高反光的拉梅，从阴影柔和的天鹅绒，到高对比度的闪光塔夫绸。

　　反光面料的手感可以像缎子一样柔软，也可以像织锦一样清脆；表面可以像缎子一样光滑，也可以像双宫绸一样粗糙，又可以像提花和织锦一样具有装饰性。在渲染时请记住，清爽的、有光泽的反光面料，应该渲染出松脆坚硬的边缘，而天鹅绒和柔软有光泽的反光面料，应该渲染出温和柔软的边缘。

　　在这个大的分类当中，又分为三个小的类别，包括柔和型光泽、清脆型光泽和装饰性的光泽。柔和型的光泽包括丝绒、双绉、天鹅绒、棉绒和长毛绒。清脆型的光泽包括缎子、塔夫绸、蛋奶绸、罗缎、乙烯基和皮革。装饰性的光泽包括锦缎、马特拉塞凸纹布、织巾、云纹、奥斯曼纹、提花、鳄鱼皮纹、拉梅、蜥蜴皮和亮片。请记住，以上任何面料和材质都可能因为某一特殊的结构或细部而被分入其他类别。

反光面料

1 拉梅
2 缎纹
3 平绒
4 斗牛士装
5 塔夫绸
6 天鹅绒

这件露背缎袍是用彩色马克笔和彩铅渲染的，请注意受光面与背光面的不同渲染方式。缎子、查米尤斯绉缎和所有柔软、有光泽的织物，在渲染时都会具有一定的"圆润"品质。

这件缎子裙是用马克笔结合彩铅渲染
的。同样，高光部分也相当明显。缎子的
柔和的白色高光与深色阴影相映成趣。

为了表现更平滑、更柔和的高光，可
以使用蜡笔来渲染。

天鹅绒面料有着非常柔软的边缘，这种面料的轮廓似乎在闪烁着非常柔和的"白光"。服饰整体不存在强烈的对比，礼服和脸上的阴影都是用马克笔和灰色眼影渲染出来的，并用海绵涂抹器涂抹。眼影是一种很棒的绘图工具，海绵涂抹器会使它产生更加柔和的效果。选择那种价格不太昂贵，手感又不太油腻的产品使用。任何颜色都可以用于渲染，尤其是灰色或黑色，对于阴影的表现效果极佳。对于面部而言，在肤色马克笔底色的基础上应用棕色渲染，效果相当不错。

透明面料

透明面料非常薄透，透过它们，你可以看到身体的某些部位以及内衣。在某种意义上，透明面料又分为两种截然不同的类别，也就是软薄纱与脆薄纱。软薄纱包括雪纺、乔其纱、巴里纱和蕾丝。脆薄纱包括蝉翼纱、硬纱、面罩薄纱、点子花六角网眼纱、透明丝织物。

在渲染透明面料的时候，由于透明的面料会相互交织，因此可能会出现一种颜色的多种色明度。多层次的透明色也会削弱轮廓的硬度。通常一种颜色渲染服饰边缘，或者偶尔稍微加深一点明度就够了。

因为衣服有卷起的下摆，所以下摆的边缘不应该是沉重和僵硬的，而应该保有一种流动感。

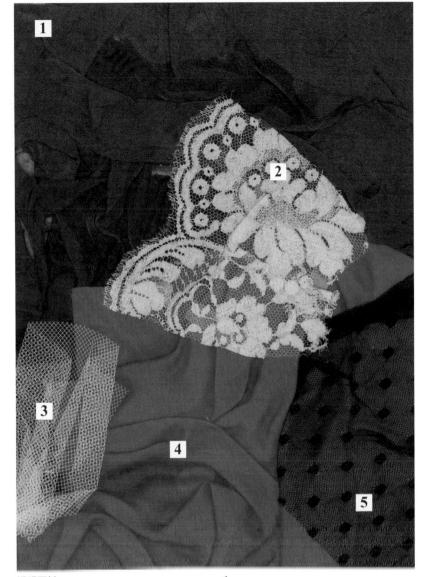

透明面料

1 雪纺
2 蕾丝
3 面罩薄纱
4 透明硬纱
5 点子花六角网眼纱

在本色纸或彩色纸上，渲染效果很漂亮，因为它们让你可以在渲染的过程中使用白色，本页的雪纺连衣裙是用蜡笔和彩铅在棕褐色纸上渲染出来的。

绘制透明面料

　　先在能透过面料看到身体的服饰部位涂上肤色，再用精细的线标明袖口、领口和主要褶皱。这是可以在渲染任何透明面料时使用的方法，尤其是雪纺、乔其纱。

　　用彩铅或浅色马克笔，将面料颜色涂在肤色底色上，尽量不要留下任何硬边。其轮廓可以标示在内衣上，或者用可以擦掉的铅笔轻描。

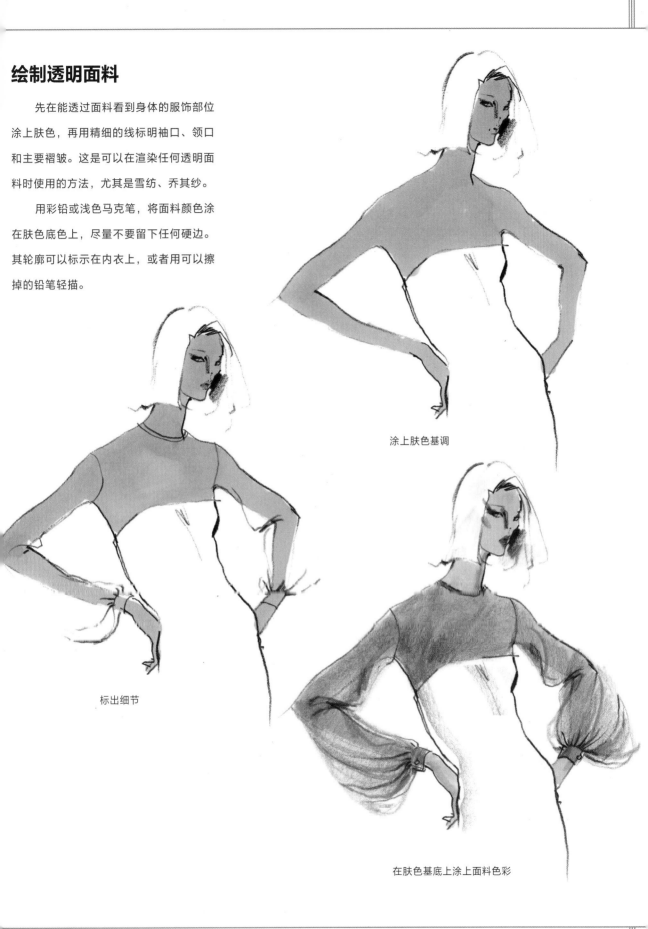

涂上肤色基调

标出细节

在肤色基底上涂上面料色彩

这件乔其纱连衣裙是用干毛刷子渲染的。最暗的色调渲染在身体附近，最亮的色调渲染在面料飘逸在空中的地方。请记住，当渲染透明面料时，要使用非常轻柔的笔触，不要留下任何硬轮廓。

蕾丝

　　蕾丝具有网眼结构，上面有图案，且通常是花卉图案。蕾丝可以是阿伦肯或尚蒂伊细花花边，也可以是大凸花花边，还可以是加绣和串珠装饰的花边。

　　你常常会在蕾丝的网眼结构上看到点状图案，这就是所谓的点子花六角网眼纱。

　　与雪纺或乔其纱一样，可以把蕾丝花边渲染到皮肤的色调基底之上，蕾丝网线可以用十字线条轻轻勾勒并在网眼或者薄纱上渲染交叉影线。在底稿上标明蕾丝图案的位置以及如荷叶边或扇贝形下摆的设计。

　　首先渲染皮肤色调，然后涂上蕾丝，要保持线条的节奏感。

薄纱

　　这件舞会礼服的薄纱部分是用橡皮擦
在彩铅画出的薄纱或者网眼上一层层渲染
出来的。每一层的渲染方向都与前一层稍
有不同，以产生阴影层次感。确保用略深
的线条突出色调更深的部分。

本页左上图的蕾丝和蝉翼纱礼服是用细马克笔渲染的，同时用彩铅渲染了强调色。右下图的欧根纱外套也是用细马克笔和彩铅渲染出来的。尽管使用了相同的工具，但是两件服饰却有着完全不同的效果及品质表现。

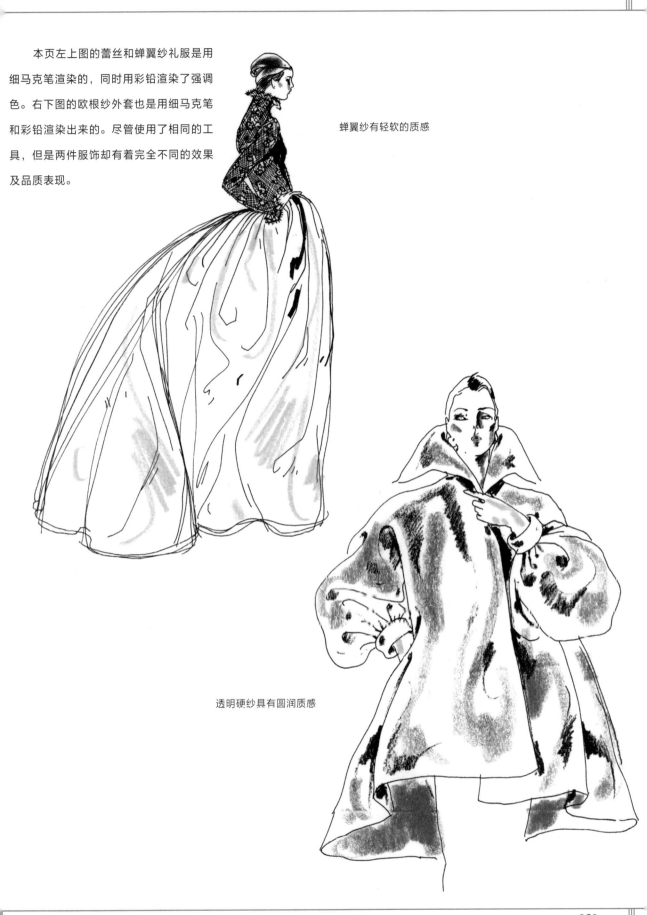

蝉翼纱有轻软的质感

透明硬纱具有圆润质感

使用马克纸，从纸背面渲染

用 Chartpak 牌的马克笔，从马克笔专用纸（Borden +Riley #37）的背面进行渲染，会产生非常出色的效果。颜色可以从马克纸背面渲染，也可以从正面渲染。

首先，绘制一张准确的底稿，然后用马克笔在马克纸背面渲染上主要的颜色。在纸张的正面，颜色会显得稍亮。即使有轻微的条痕也不必担心，等到马克笔渲染的颜色晾干后将纸张翻过来即可。

在纸背面渲染上主要的色彩

纸正面的线稿

绘制纸张正面的草图，继续用马克笔和彩铅渲染面料层次。可以在最上层添加一些亮色或白色来加强高光，因为主要的颜色渲染在纸张的背面。

印花面料

　　印花是印制在服装面料上的设计图样或者图案。任何面料，从雪纺到缎子再到羊毛，都可以印上印花。图案可以是一个小小的针点儿，也可以是一个巨大的花朵，只需几朵大花就能印满整个晚礼服。印花可以是遵循一定的规律印制在面料上，也可以是非常随机地分布在面料上，或者有镶边，或者被设计在服饰的特定部位。印花图案的复制称为复印。此外，某些特定的印花有"单方向"的或明显的重复。

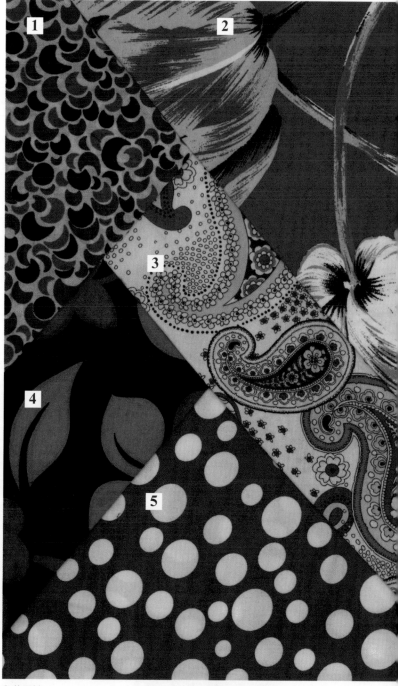

印花面料

1 全幅
2 花卉图案
3 佩斯利旋涡花纹
4 风格化
5 波点纹

局部印花

随机或散乱花纹

饰边花纹

跳接法

绘制印花面料

在渲染一个印花设计的时候，应当尽力捕捉这个设计的整体感觉和视觉效果，而不是只关注细节。过度的细节刻画会让你的作品看起来很拙劣，渲染印花时最需要考虑的因素是尺寸和复印效果。

首先，找一个想要渲染的印花。用大头针将印花样本钉在时装人体或者已有的服饰上。如果图案或印花非常小，以至于你不能够确定需要复印多少，那么，渲染出它的整体感觉。

如果印花是中等尺寸（平均的尺寸），并且你清楚它的重复数量或图案包含多少印花，那么数出需要渲染的印花数量，尽可能接近图案包含的总量即可。

大尺寸的印花是比较明显的，需要复印的数量不会很多，并且可以看得很清楚，只需要确定印花在身体特殊部位（如大身、裙子或衣袖）的具体数量，并渲染在你的插画作品中即可。

小印花布图案

中等尺寸印花

大尺寸印花

在渲染大尺寸图案的时候，最重要的考虑是确定印花与大图案的正确距离，这样印花才能渲染得更小，留下更少细节。请记住，即使印花被渲染得十分简单，柔和的暗影也会为它呈现出立体感。

有些印花在渲染整个服饰时效
果最好，而有些印花则是渲染服饰上
的某些区域时效果最好。印花与服装
的关系将对这一点起到决定性作用。
在开始渲染之前，首先要确定印花的
时尚信息。它是写意的花卉，张扬的
几何图案，还是整洁的小圆点花样？
在你的纸稿下面放置一个复印网格，
以便确定印花的节奏、方向和位置。

渲染服饰某些区域的印花

渲染整个服饰的印花

这幅画的印花是用马克笔和彩铅渲染的，柔和的阴影是用灰色铅笔完成的。

这幅大尺寸几何印花需要相当精确的
印花位置。

这件长袍有镶边印花，小图案被设计在斜线上，只用了马克笔渲染。请注意，长袍上的佩斯利花纹是单向的，设计的更大部分处于长袍顶端附近。

这件露背礼服的圆点背景上有少许风格化的花卉印花。印花和背景圆点共采用了三种颜色的彩铅进行渲染。

今时今日，渲染印花有多种方式。条纹面料可以渲染出花卉镶边，或者印花渲染也可以看起来像拼接图案。它可以模拟一张照片，也可以看起来就像喷溅的颜料。印花可以在衣服的一侧以手绘的方式呈现，也可以在另一侧采用珠子镶边装饰。只要确保你的渲染能清楚地阐释印花。此外，为了获得对于服饰整体美感更精准的表达，服装的大部分都应该被渲染。

渲染是一个巨大的主题，不可能在一个章节里面把所有面料的渲染都囊括在内。面料可以有无数种组合，例如亮片可以应用在雪纺或针织衫上，塔夫绸或法兰绒可以绗缝。现代技术将合成纤维和天然纤维混合在一起，这样就可以让服饰呈现特定的悬垂效果。学习这些原理和概念将有助于将渲染方法应用到特定的面料当中。

然而，有时候，当几个概念必须结合在一起，才能够渲染出一种特定的面料时，比如裁切天鹅绒，则需要结合丝绒的原理，然后应用到底层的透明面料上。渲染针织衫上的亮片则需要结合反光面料和毛织物面料的原理。即便本书在编写时，书中可能已经谈及了有关渲染的所有知识，但是到了本书出版的时候，新的可能性和组合方式又将被创造出来。所以，对所有新的创造和新尝试保持开放心态吧！

使用马克笔的基本要领提示

想象一下，假如所有的服饰都是平纹细布做成的，我们将无法辨认它们的颜色、厚重度或质地；永远无法感受到雪纺礼服的飘逸，粗花呢套装的质地纹理或缎子裙闪亮的感觉；无法想象闪闪发光的珠饰，敏感的毛皮；甚至永远无法区分黑色、白色或色彩艳丽的印花。

通过学习各种不同的渲染技术，我们能够用艺术的手段来表现想要在自己的设计作品中呈现的面料。观众将能够完全理解服装的特征和外观。

面料的渲染技术种类繁多，在本章中，我将展示我认为使用马克笔和彩铅可以产生最佳效果的相关技巧。一旦你学会了这些技巧并对之产生了信心，你就可以利用它们来实现你的个性化目标。

以下是一些使用马克笔渲染时的有用提示：

· 为了避免纸面上出现马克笔的污迹，先使用铅笔轻轻地在马克纸上描出底稿，之后用马克笔和彩铅根据所需的特殊效果进行渲染。轮廓可以使用深灰色或黑色的彩铅或细马克笔绘制。

· 有一些品牌的马克笔专用纸，比如波登莱利牌 #37 半透明视觉黏性马克纸，在纸张的正、背面都可以使用马克笔进行渲染。这样，你可以轻松地在纸张正面完成自己的作品，而且可以在绘制的过程中从纸张的正、反两面对画面效果进行调整。

· 浅色的马克笔比深色的更容易使用。

· 在准备使用任何新的马克笔之前，先画一个 2 英寸的正方形盒子，一边用新的马克笔渲染到线的边缘，另一边在渲染到离边缘线不远的地方就停下来，将能够帮助你确定这支马克笔的渲染是否会渗透到盒子的线条上。

· 本章中的艺术插画是用波登莱利牌 #37 半透明视觉黏性马克纸绘制和渲染的，在纸张反面用本色马克笔渲染以产生更柔和的效果。在正面使用了 Chartpak 马克笔和 30%、50% 和 90% 的酷灰色及黑色三幅彩铅，以及色粉笔和眼影。

渲染阴影

不同面料的特性会让它们产生独特的阴影效果，然而服饰的某些固定部位总是会产生阴影。阴影总是会出现在下列区域：

- 服饰上任何可以把手指放进去或者放在下面的区域，比如衣领或翻领的下面，或者翼襟和纽扣下面，常常是在服饰的开口处，也就是面料发生重叠的地方。
- 阴影总是出现在服饰重叠或者覆盖的区域。比如，在夹克裙子上，阴影总会出现在夹克下面的裙子上。
- 在半侧身时装人体上，沿着身体侧面会出现阴影。
- 阴影总是会出现在褶皱当中。

渲染黑色和白色面料

渲染黑色面料时，设想黑色面料的颜色范围，从最亮的黑色（如因洗涤而褪色的 T 恤），到最深的黑色（如黑色天鹅绒连衣裙）。

为了渲染这个范围的黑色面料，我们使用深灰色马克笔（如查尔帕克牌 #7）而不是黑色马克笔。阴影部分将使用柔软的黑彩铅来渲染。因为所有的设计草图都配有面料色卡，所以可以很明显地看出实际的颜色是黑色而不是灰色。

使用柔软的黑彩铅为服装加上阴影和细节

渲染粗花呢和人字形图案

　　渲染花呢面料一个非常有效的方法是在砂纸上揉擦，不同等级粗糙度的砂纸可以制造出不同厚重度的粗花呢面料效果。

1 首先，渲染面料的背景颜色，勾画出人字形线条的分组导线。在确定各条导线的位置时，先从中间开始画，再从右向左绘制。

2 在已经画好的条纹导线之间，按照相反方向画出各条对角线。这些线条会形成"W"的形状。

4 用与先前同样颜色的马克笔再画一次，呈现出阴影的效果。这样呈现出的阴影颜色更深。另一种可供选择的方法是使用灰色或黑色的柔软彩铅来绘制服饰的细节。

3 把一张砂纸放在服饰的纸稿下面，用一支或多支软彩铅的侧面轻轻揉擦来呈现粗花呢的颜色。

渲染格子花纹

在你的底稿上标明格子图案的纹路方向（见第 23 章条纹与格子花纹的定位）。

1 用马克笔涂上基底色。

2 用软彩铅标出垂直条纹。

格子纹也可以用马克笔和彩
铅来渲染

3 用软性彩铅标出水平条纹，并使水平与垂直条纹相交叠的区域颜色加重。

4 画出次要的格子线。

5 为渲染一个中等厚重度的羊毛或斜纹编织格子面料，用软性彩铅在主要的条纹里画出对角线方向的线条。

渲染皮草

把皮毛想象成绕在脖子上或手腕上的轮胎或气球。

紫貂或黑貂皮

1 在服装的适当区域标明毛皮装饰的具体位置及轮廓。

2 用马克笔渲染皮毛的基础底色。

3 渲染紫貂皮或黑貂皮的时候，用棕色眼影和涂抹器或软棕色彩铅在毛皮中央画一条弧线。

4 加入更丰富的细节和色调。

豹纹毛皮

1 为渲染豹纹毛皮，先标出衣领及帽子的轮廓。

2 用棕黄色马克笔给背景渲染基底颜色。

3 用柔软的棕色铅笔随机画出不规则的椭圆点，再用柔软 的黑色铅笔在棕色周围绘制出断续的轮廓线。

4 添加投影和重色调。

狐狸毛皮或长发毛

渲染狐狸毛或长发状的毛皮，要画出长而优雅的线条，以呈现毛皮的软长毛发特质。

1 勾画出圆润饱满的外形。

2 也可以从纸张的背面将背景色基调渲染上去。

3 在纸张的正面，将皮毛的纵立面渲染上皮毛的暗调，可以使用三幅彩铅90%冷灰来呈现黑色。

4 用精致的笔触轻轻勾画暗色的毛发，同时勾画出浅色毛发。大多数的浅色毛发将处于服饰受光的区域，即未用三幅彩铅画过的区域。

渲染缎子和塔夫绸

1 渲染出服饰底色，但不要把颜色画到边缘线上，应该露出一点点纸张的白色。

2 再次使用马克笔或软性彩铅标示出会产生阴影的部位，比如乳房的下方或整个身体的侧面。假如膝盖是向外伸出的，那么投影将会落在小腿的部分。

3 想象在时装人体的一侧肩膀上方有一个光源。光线从上方照射到人体上，身体凸出的部位，比如胸部或大腿上方，会受到光线的照射，而身体不凸出的部位只会有一丝微光。使用较软的白色彩铅笔复制这束光的效果，以和缓的动作运用铅笔渲染。你会注意到，对于本页的这个特别的姿势而言，光线强烈地投射到乳房上方，在腹部及臀部减弱，在突出的大腿部位又变得强烈，接着向下再次减弱。

1

2

3

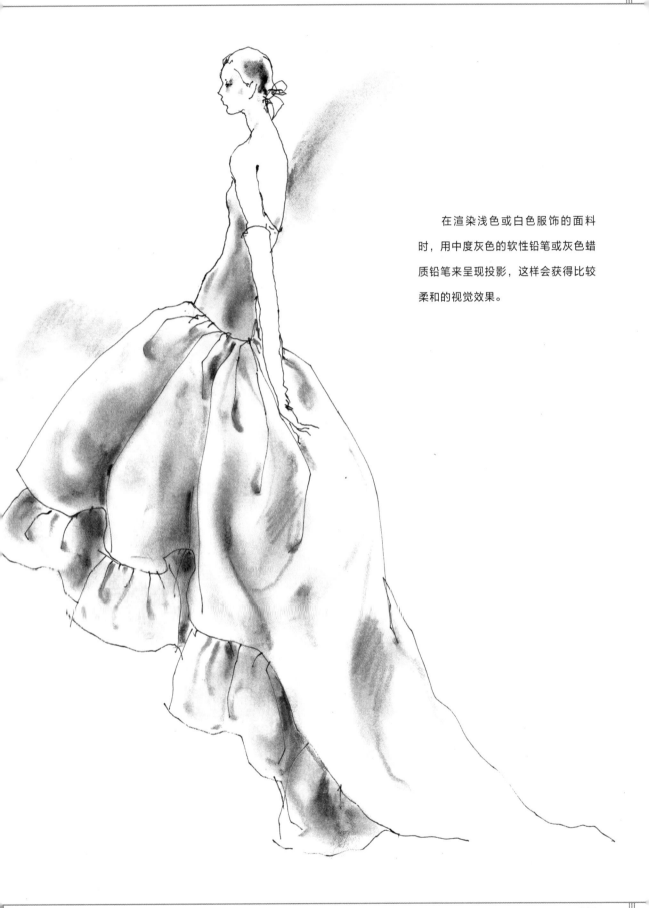

在渲染浅色或白色服饰的面料时，用中度灰色的软性铅笔或灰色蜡质铅笔来呈现投影，这样会获得比较柔和的视觉效果。

渲染皮革

1 要表现皮革质感，可以按照渲染缎子面料的方法来操作，用白色的彩铅勾勒出柔软的边缘。

渲染乙烯基

2 要渲染乙烯基质感，基本可以按照渲染皮革的方法来操作，但是要用白色修正笔或白色蛋彩画颜料给服装添加出另外一个轮廓。

渲染仿麂皮

在马克笔绘制的基底上，用砂纸摩擦白色铅笔。

渲染天鹅绒

在渲染天鹅绒效果时，将马克笔的颜色涂
到服装轮廓的边缘，使用柔软的白色铅笔
在服饰边缘和褶皱周围轻轻摩擦。

渲染拉梅（金银锦缎）

使用苍白棕褐色的查尔帕克牌
马克笔以及90%冷深灰色的彩
铅渲染暗部，并用手指涂抹
以添加白色的高光表现。

渲染闪光饰片

1 填充背景颜色，并在服饰边缘留出一些空白。

2 使用马克笔在身体的侧面和胸部下方画出投影的色彩。如果腿部是突出的，那么投影应该出现在膝盖下方。为了获得更多的戏剧性效果，可以用深灰色或黑色的软性彩铅在马克笔基色上进一步刻画投影。

3 使用尖头的或任何圆头的黑色马克笔，在时装人体的受光面画上小点，再在身体其他部分随机绘制额外的小点。

4 用可压缩的修正液涂白笔，在黑点和服饰其他部位的圆点上画出白点。黑点最终将成为闪光饰片的反射面，而白色圆点则成为真正的闪光饰片。

在突出的部位，如乳房上部或腿部的受光部位，用修正液涂白笔画出更多的白色圆点。

1

2

3

4

色彩斑斓的珠子和亮片

1 保留白纸的原色作为背景，用浅灰色马克笔或灰色彩铅标示出投影。

2 用软灰色彩铅标示出强调的阴影。用中灰色马克笔沿着时装人体向下画出小圆点。

3 用修正液涂白笔在灰色的小圆点上画出白色圆点。

4 用黄色、淡紫色、蓝色、橙色和绿色彩铅在白色圆点上轻轻涂抹，从而呈现出色彩斑斓的效果。

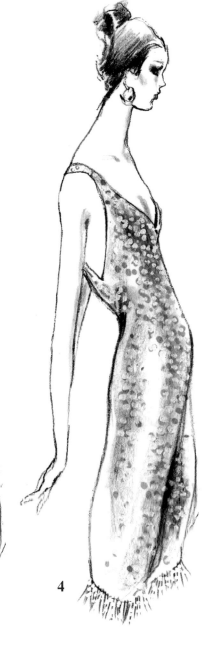

1

2

3

4

串珠穗

1 用尖头马克笔轻轻画线。

2 用修正液涂白笔在线上画出小圆点。

渲染雪纺

1 用马克笔给没被面料覆盖的皮肤上色，再用软性彩铅在服饰部分轻轻着色，呈现出雪纺效果。

2 用较重色的软性彩铅标示出阴影与褶皱。

3 使用软性的肤色彩铅渲染出雪纺面料覆盖之下的皮肤色调，再用颜色较深的彩铅完善服装的细节。

4 用深灰色的软性彩铅画出服饰上最暗的阴影，并强调出最重要的服装设计细节。不要在雪纺面料的外围画任何深色线条或硬线条，要尽可能保持它的柔软质感。

渲染薄纱和花边

1 用马克笔给没有被面料覆盖的皮肤上色，再用马克笔给不是薄纱或花边的其他面料上色，轻轻地标示出裙子的形状。

2 在渲染薄纱的时候，使用软性彩铅的一侧在薄纱上摩擦。用柔和肤色色调的彩铅标示出花边下面的肤色。

3 为了使薄纱的褶皱变暗，可以使用彩铅的一侧，在薄纱的褶皱部分更加用力地再摩擦一次。对于需要特别强调的部分，多使用铅笔笔尖的中心部分。为了呈现薄纱的网底肌理，用铅笔在肤色基底上的薄纱部分轻轻揉搓。

颈部饰面和褶边通常用扇形花边完成。

4 用尖头马克笔或非常尖的彩铅来呈现花边的基本花纹图案，不要使用任何粗重的线条勾画蕾丝或花边的外轮廓。

渲染印花

1 用马克笔填充背景颜色。

2 用彩铅或马克笔画出主要图案的基本形状，如果服装有条纹，渲染出它的主要色调。

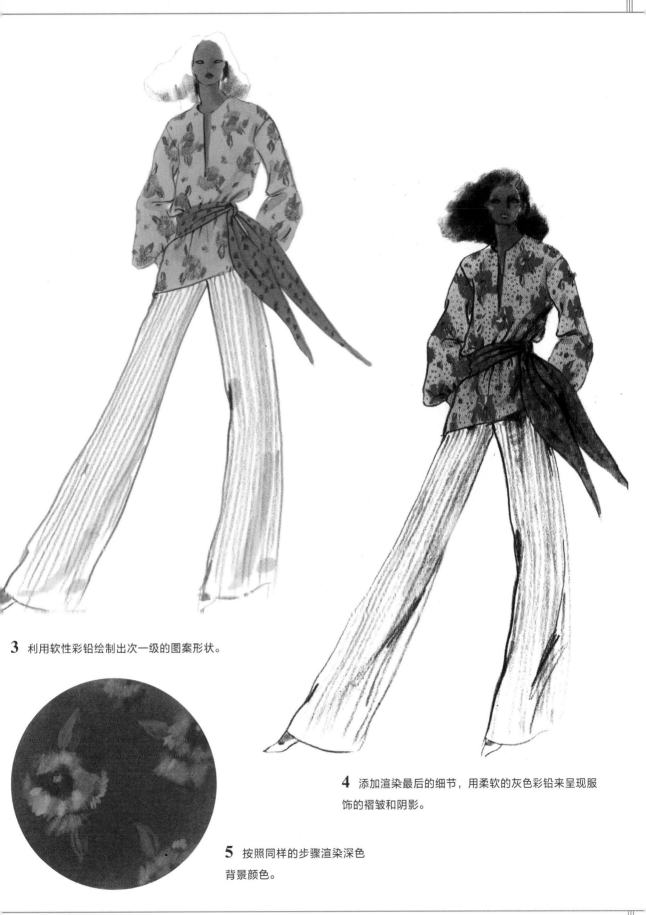

3 利用软性彩铅绘制出次一级的图案形状。

4 添加渲染最后的细节，用柔软的灰色彩铅来呈现服饰的褶皱和阴影。

5 按照同样的步骤渲染深色背景颜色。

彩铅、水彩

第四部分

附录

The Extras

Valentino 2015-2016
钢笔、彩铅和蜡笔、有色纸

第 **26** 章

走秀时装人体

想象一条在风中波浪一般飘动的雪纺长裙。 堆积的面料离开身体，飘向空中。

如果我们是在一个站立不动的时装人体身上绘制出这条裙子，面料会自然垂落，裙子飘逸的动感也会完全消失。

走秀时装人体（有时也被称为 T 台模特），是一种让我们不仅可以展示服装本身，还可以展示运动中的服装的绘画选择。

当衣服的一个或多个部位有多余的面料时，我们通常利用这样的时装人体来展现。直筒裙和合身的毛衣没有多余的面料，而宽松的裙子和带披肩的上衣则有。

请注意，我们可以把裙子上多余的面料转移到人体的一侧，让披肩离开人体，并在空中泛起涟漪。

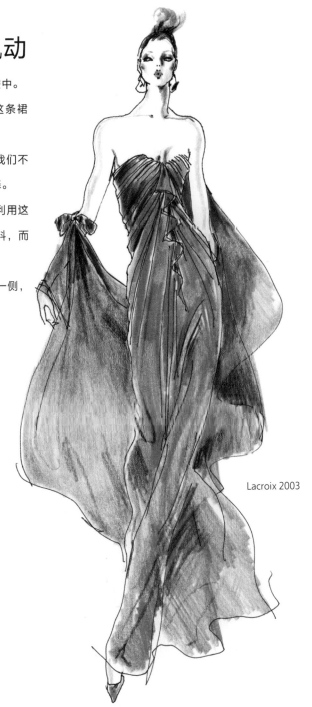

Lacroix 2003

395

绘制走秀时装人体

　　绘制走秀时装人体和绘制传统的站立时装人体，在开始阶段是完全一样的。

　　以肩部与臀部具有相反动态的正面视图为例绘制初稿，假如你在绘制腿部时将腿画到平衡线的另一侧，就会让时装人体产生更多的动感。此时你会觉得这跟静立姿态的时装人体没有什么差别，但我们不是要将非支撑腿像原来一样立在地面上，而是要将它抬起来并向后移动。此时会产生透视的变化，让这条腿看起来变短。

透视缩短了腿部

1 肩部与臀部具有相反动态的正面视图时装人体。

2 勾画位于后部的、被透视缩短的鞋，将其画在比前脚略高的位置。

3 用轻淡、稍圆的连续线条画出小腿外侧肌肉的轮廓。

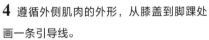

4 遵循外侧肌肉的外形，从膝盖到脚踝处画一条引导线。

5 在这条引导线的形状中间部位有一个小小的凹陷，在这个小的凹陷处画出内侧肌肉，随后擦掉引导线。

6 用彩铅或灰色铅笔画出从膝盖到脚踝的阴影。

7 完成的走秀时装人体。

在绘制裙子的时候，保持裙子下摆的
圆形曲线。前腿附近总是会有阴影。

在绘制裤子的时候，注意由于透视而缩短的腿上，膝盖处褶皱的形式。同时，裤腿的底边也变圆了。在画走秀时装人体时，最理想的参考是走秀模特们的时装秀照片。

彩铅和水彩

第 **27** 章

男装

男士时装概览

早在 20 世纪 30 年代，女装就受到了男装的影响。当时，Marlene Dietrich 被拍到穿着男装翻版的女装。此外，Yves Saint Laurent 也在过去几十年里一直为女性设计无尾晚礼服。

直到 20 世纪 60 年代，男性时装模特仅仅是服装的"衣架"或女性模特的背景。然而，20 世纪 60 年代中期的"摩登"时装永远地改变了这种状况。"雄孔雀"出现了，并且逐渐在时装界确立了他们的地位。今天，几乎每一个著名的女装设计师也同时设计男装系列。男时装模特几乎和他们的女同事一样出名。男模特的时装秀也几乎和女模特的时装秀同样重要。像 Gorgio Armani、Calvin Klein 和 Ralph Lauren 等著名时装品牌不仅设计男装，而且还利用男装来影响他们的女装系列。

在 1012 年战争之后，美国人裤子开始逐渐取代丝质马裤或长筒袜在美国广泛流行。然而，源于马甲、礼服大衣和马裤的三件套西服，其演变也只持续了几十年。自 20 世纪初以来，男士套装基本上由相同的几部分组成：剪裁考究的夹克、裤子和背心。在 20 世纪初，男士穿着的普通西装是一种精纺、法兰绒或粗花呢的商务套装，并搭配宽松的单排扣或双排扣夹克。

Sack suit 1905

20世纪20年代，如同摩登风对女性时装的影响一样，男性也试图寻找一种更年轻、更青春的形象。他们穿着紧身的自然肩部西装，通常配上长及脚踝的浣熊皮外套。

在20世纪30年代，尽管经济大萧条，男性时装形象仍然是高级而不落俗套的银幕偶像形象，主要以Gary Grant和Fred Astaire等电影明星为代表。优雅剪裁的英式褶皱西装（胸部和肩部格外丰满）对男装产生了重大影响，至今仍激发着设计师们的灵感。此外，拉链开始逐渐取代纽扣贴布。

20世纪40年代，战争让男装风格变得简朴，对面料的限制让男士时装轮廓变得更紧窄。合成纤维使面料变得更轻，也更容易打理。但是，在20世纪40年代末，宽肩、宽翻领的双排扣西装再度流行。

20世纪50年代为我们带来了穿灰色法兰绒西装的男性形象。单排扣，笔直下垂，肩部自然剪裁，这让"常青藤联盟"的造型和布鲁克斯兄弟品牌风靡一时。在50年代末期，"欧陆式"西服从意大利传入，席卷了美国。这种服装包含带有边衩的整齐塑身夹克和无翻边的长裤。电影明星也给时装风格带来了"叛逆"的影响。Marlon Brando和James Dean让皮革、牛仔裤和T恤看起来更加符合青春装扮。

20世纪60年代，男士时装发生了巨变。20世纪60年代初，美国总统肯尼迪让双排扣、自然肩的西装以及整洁、年轻的男性外表大受欢迎。

后期，卡尔纳比街和披头士乐队又给整个美国带来了英国的"摩登风格"。随着尼赫鲁套装的出现，男士时装的外观终于获得了更大的解放，高领毛衣取代了领带和五颜六色、有图案的衬衫，甚至是珠饰！

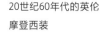

20世纪60年代的英伦摩登西装

20世纪30年代的剪裁西装

20 世纪 70 年代著名的男装时尚品牌有 Bill Blass、Pierre Cardin 和 John Weitz。当时还出现了双层针织休闲套装、束带背心和无垫肩或手工剪裁缝制的简易套装。

20 世纪 80 年代出现了"权威套装"，具有高垫肩、低翻领、臀部苗条的鲜明轮廓。Giorgio Armani、Calvin Klein、Hugo Boss 和 Ralph Lauren 等品牌也都开始设计完整的男装系列。由设计师设计的品牌内衣逐渐变得像品牌西装一样流行。

如今，男装的装扮变得更柔和。权威套装上的护肩也变得更合身、更休闲。男装样式的焦点更多集中在纹理和面料上。男女通用的古龙水在各大超市都有销售，男装与女装的时装目录相互借鉴，Donna Karan、Dolce and Gabbana 和 Gianni Versace 等女装设计师也都涉足男装市场。在工作中穿着设计师品牌服装的人们，在周末却穿 J.Crew 和 Gap 品牌，耐克 (Nike)、阿迪达斯 (Adidas) 和锐步 (Reebok) 等运动装制造商开始丰富它们品牌的服装系列。

不过，了解了男装发展历史之后会发现，男士时装的变化速度比女士时装要缓慢，因此男性的时装人体相对保持一种连贯性，大多数男性时装人体的绘制原则和服装细节基本上和绘制女装相同，如平衡、动作、姿势、前中、衣领、袖子或者裤子。对男性头部、手臂和腿部的绘制，与绘制女性相比，更多的是强调而不是规则上的变化。

McQueen 2016

权威套装
20世纪80年代

Thorn Broune 2014

绘制男性时装人体

男性和女性的时装人体，除了对肌肉的强调之外，在绘制时没有太多的区别。区别主要在于依据的标尺、强调的方面和态度体现。例如，女性体型更显灵活性，而男性体型则更有棱角。

虽然女性时装人体更小，但是我们同样用"十个头高"的比例来绘制男性时装人体。如果你把它们并排画在一块儿，男性的身材一定会更高。

由于男性与女性的骨骼和肌肉结构不同，也因为两者在身体上存在许多变量，为了做出比较，让我们研究一下二者的基本区别。对比男女时装人体，我们可以看到男性的时装人体：

- 肩膀更宽、更方，脖子更粗、更短，手臂有更多清晰的肌肉。
- 胸部维度更大，背部更宽，躯干稍长。
- 腰部稍大，稍低（比臀部小不了多少），而臀部较窄。
- 膝盖更突出，腿部肌肉更清晰，手、脚更大。
- 身体一般更宽、更直，肩膀比臀部宽。
- 因为骨盆较小，所以支撑腿的角度更小（静止站立时）。

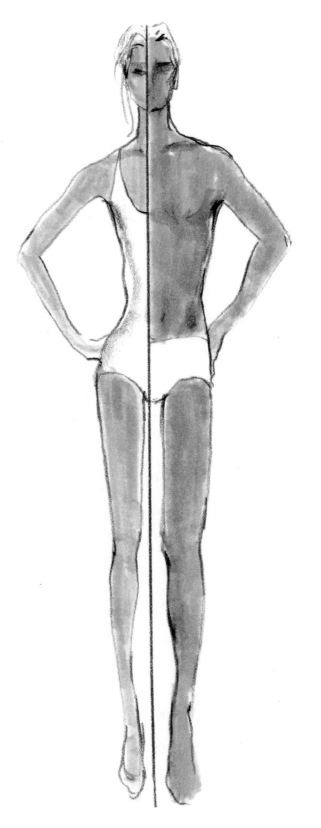

女性　　　　男性

本页的插图呈现了男性时装人体的正面视图和半侧身视图。现在让我们来研究一下男性的时装人体细节。

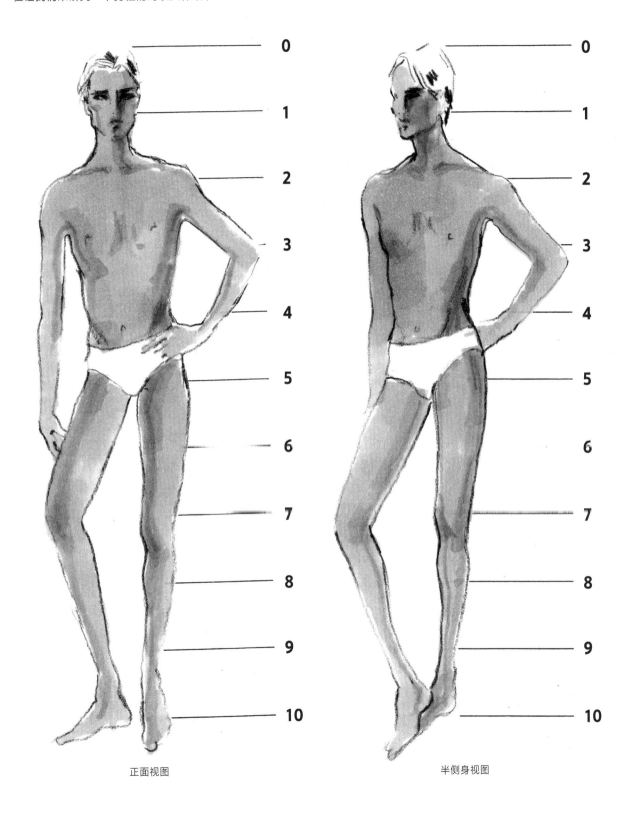

正面视图 　　　　　　　　　　　半侧身视图

脖子、肩膀、胳膊和手

让我们再一次观察男性和女性的时装人体之间的差异。关于男性时装人体,你会注意到:

- 脖子比肩膀更厚实,有更多的体量。
- 手臂和肩膀更厚实,肌肉也更发达。
- 手腕更粗。
- 手更方,手指更钝,也不那么尖。

躯干

男性和女性的时装人体躯干存在着十分微妙的区别。当观察男性躯干时,注意:

- 躯干到臀部微微变细,但几乎没有明显曲线。
- 腰部和臀部的差别较小。
- 臀部较窄。
- 腹部肌肉轮廓更加清晰。

腿和脚

男性和女性的时装人体腿部和脚部区别很大。通过研究男性时装人体的这些部位你会发现:

- 腿部和脚部肌肉更发达,轮廓更清晰。
- 膝盖更向前突出。
- 小腿和脚踝更分明。
- 脚更大且形成更大的角度。

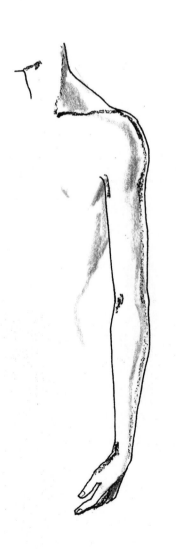
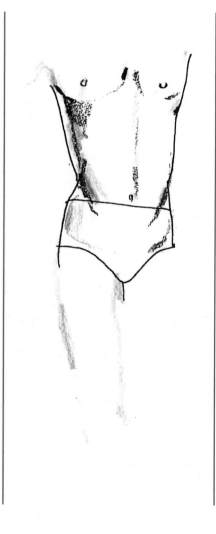

头部

因为男性不化妆，所以头部的五官特征会有更自然的品质。然而男性头部与女性头部的勾画方式大致相同，除了：

· 一般头部的大轮廓会更有棱角。

· 眼睛更窄，上眼睑部分更小。

· 眉毛较低。

· 嘴唇更窄，唇线更宽。

· 下巴轮廓更方，也更明显。

· 有更厚、更突出的下颌。

在半侧身与侧面视图上，请注意：

· 前额部位会有一处轻微的凹陷。

· 眉毛向外伸展更多。

· 鼻子一般比较直。

· 嘴和鼻子之间的弯曲更小。

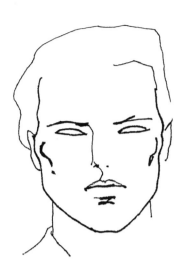

正面视图

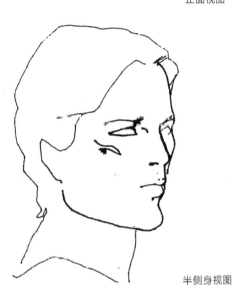

半侧身视图

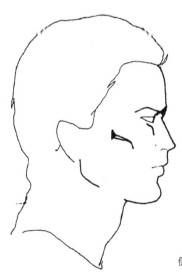

侧面视图

同时，对于男性而言，化妆不会创造出一种"态度"，不同男性面部的不同形态表现力就更加明显。

优雅型

年轻的预科
生型

高度时尚型

智慧型

运动型

稍稍年长型

绘制男士西装

与女士西装相比，男士西装最大的不同往往体现在肩部和翻领上。绘制男士西装时，基本绘画原则和细节与女士西装相同，除了：

- 男士西装从身体的左侧扣到右侧上（在绘画时，右侧要扣在左侧上）。
- 肩部线条应该保持挺直，衣领紧裹颈部。
- 自然肩装的袖子、袖帽通常不那么明显。
- 滚线与收线必须始终保持笔直和精确。
- 外形不像女性套装那样夸张。

当你仔细观察西装的各种细节时，比如单排扣和双排扣、有层次的套装或外套的特定褶皱和垂褶，很容易就能辨别出它们的区别。还要研究他们穿着运动外套、休闲套装、层状的外套、时髦的运动服以及经典的燕尾服时，体现出的不同"态度"。

单排扣西装

运动外套和背心

双排扣西装

在男性时装人体中，姿态往往不依赖于手臂的夸张动作来表现。手和手臂通常保持靠近身体的姿势，除非需要某些特定的动作，比如拿着杯子、整理衣领、解开夹克纽扣或双手插在口袋里。运动装应展示适当的姿势，这一点与女装相同，例如跑步、健身、扔球等。

虽然男士高级时装随季节而变化，但男装的大部分区域常常保持不变。通常，翻领的宽度、肩膀的衬垫或裤子的细度变化将是区分流行季的关键因素。然而，不同的设计理念有流行的时候，也有过时的时候，并且原因也是相似的。如某一个流行季肌肉发达的运动员形象，很快就会被下一季知识渊博的学者形象所取代。但是，尽管男装已经从它曾经拥有的自我意识中经历了长足的发展之路，在服饰的大多数部位，仍然不像女装那样自由。

请注意，由于男装和女装在绘制时使用的方法非常相似，所以，绘制男士衬衫、裤子、针织衫和定制服装的具体细节都可以在本书相应女装章节中找到。

休闲型运动装

运动外套

优雅的小镇外套

时髦服饰

卫衣

层状服饰

燕尾服

第 **28** 章

童装

绘制儿童会获得很多乐趣。

在绘画的时候，最重要的是记住，儿童并不是按比例缩小的
成年人。他们既不时髦也不世故，相反，他们有一种轻松、
俏皮的气质。他们的姿势并不优雅高贵，但他们是活泼的，
甚至有些时候是笨拙的。他们的小脸蛋不会传达某种"态度"，
因为他们是天真无邪的，不自觉的，富有表现力。当绘制儿
童的时候，要尽量保持一种活泼和自然的品质。其他一些应
该记住的重要因素和提示是：

- 儿童服装的尺码范围通常与他们的大致年龄相对应。
- 儿童的身体比例、面部表情和姿势，每年都有很大的
  变化。
- 你绘制的儿童年龄越小，你的绘画作品中"圆"的品
  质就越明显。
- 编织与图案书籍是儿童照片的绝佳来源。

　　儿童的年龄范围从婴儿（包括新生儿）到青少年。首先，
让我们把他们分成不同的年龄组并分别研究他们。基于本书
的目的，我们将划分为婴儿、蹒跚学步的幼儿、2-3 岁的幼儿、
4-6 岁的儿童、7-10 岁的儿童、少年和青少年。

婴儿

　　首先，让我们来观察一下婴儿，从出生到开始走路都属于婴儿阶段。婴儿头部只有身体的四分之一大。婴儿的一切都是圆的，包括头部和面部特征、躯干、胳膊和腿部特征。双腿向内弯曲，膝盖上有夸张的小凹窝。因为婴儿不会走路，甚至不会爬行，所以姿势只能是躺下或支撑起上半身。

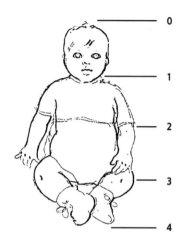
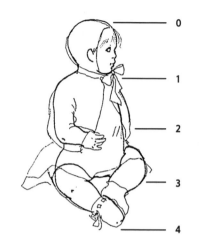

蹒跚学步的幼儿

蹒跚学步的幼儿大约一岁左右，"四个头"高。因为他们还不会自己独立行走，所以他们的姿势多是坐着、爬行或是躺下。他们身体上的一切特征都还未成型，仍然是圆的。而他们仍然裹着尿不湿的事实使这一点更加明显。胳膊和腿部都是胖乎乎的。因为脊柱是弯曲的，所以腹部向外突出，也形成一个圆形，且男孩儿与女孩儿之间在特征上只有细微差别。

这个年龄阶段的幼儿头部仍然占身体的四分之一，脸的形状是圆的，脸颊使脸部显得更圆，看不出明确的下颌轮廓，头看起来就像是落在肩膀上。他们的眼睛又大又圆，眉毛很浅，嘴唇相当柔软，嘴巴也似乎不能完全闭合。他们的鼻子短而小。头发通常才刚刚长满。

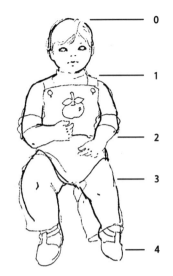

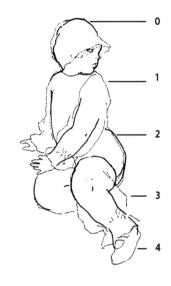

两到三岁的幼儿

因为两岁的幼儿通常已经能够轻松地走路，这时的姿势会变得更活跃且多是站姿，但常常略显笨拙。人体大概是"4 到 4½ 头"高。长度变化最大的是腿部，腿部会变得又长又直又结实，且强壮到足以支撑整个身体。

手臂和腿部轮廓会有明显变化，但是仍然胖嘟嘟的，因为脊椎仍然向内弯曲，所以腹部仍然向外突出。

脸的轮廓更加分明，脖子显露了出来。因为长出了牙齿，所以嘴会显得大一些。头发变得更明显了，但是仍然很少，男孩儿与女孩儿之间的区别依然很小。

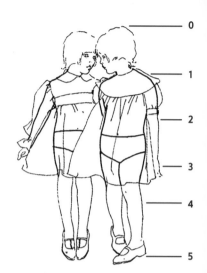

4到6岁的儿童

在这些年中，在儿童的身上发生了很多的变化。姿势变得更加生动和活跃。这时的身材大约是"五个头"高，腿部长得更长，躯干减少了一些婴儿肥迹象，但是腰围仍然没有变化，腹部不再那么向外突出了。但最大的变化在于，女孩儿和男孩儿的外貌有了明显不同。因为这个变化，服饰也开始分为男童装和女童装了。此时的儿童，是"时尚"与"纯真"的集合体。

他们的脸部会变得稍窄，眼睛也不那么圆了。鼻尖圆润，鼻子轮廓更加分明。嘴巴变得更大，牙齿已经长齐。眉毛颜色更深，头发也变得更有型。

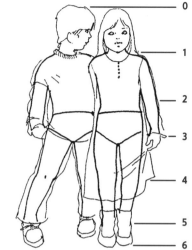

7到10岁的儿童

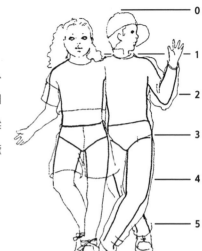

这个年龄段的儿童开始进入学校读书，他们的造型和姿态开始失去娇小可爱感。这时的身材大约是"六个头"高。尽管肌肉组织开始取代婴儿肥，但是腰部依然不分明，手臂、躯干、腿部都在变长变苗条，膝盖和手肘也变得更加明显了。

此时的儿童，婴儿脂肪正在从脸上消失，但脸颊仍然比成年人要圆得多。他们的鼻子仍然很小，但鼻梁却越来越清晰。嘴巴开始逐渐失去噘起的样子。

少年

这个时期的身体开始成熟，大约已经变成了"7到8个头"高。身材变得更修长，躯干变得更苗条。随着身材变长，腰围开始出现。胳膊和腿部也变得更长。

面部骨骼结构开始浮现，面部特征变得更像成年人。发型更加成人化。

女孩的臀部和胸部开始发育，腰围开始出现。男孩肩部、手臂和腿部的肌肉则发育得更明显，他们的臀部较窄，腰围比女孩较低，不像女孩儿那样轮廓明显。

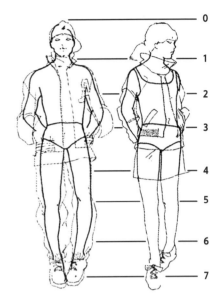

青少年以及更大年龄

青少年开始具备更多成年人的品质。他们的生长发育速度差异很大，以至于绘制规则变得更加宽泛，几乎接近成年人体型的绘制准则。青少年的身高达到"8个头"的高度甚至更高。青春期女孩的胸围线条变高，腰围轮廓分明，臀部纤细。而青春期的男孩开始拥有更加发达的上半身、胳膊和腿部。然而，男孩儿和女孩儿的脸都刚刚开始呈现出成年人的特质。

绘制儿童的时候会有很多乐趣，可以把你从绘画成年人的所有美好品位和精细追求当中解放出来。为了画好儿童人体，你得把自己从脑海中关于成人的认知里解放出来，像孩子一样思考，即使这样意味着你需要边看电视里的卡通片边进行绘制！像孩子般思考，你甚至会发现，自己的双脚像孩子般笨拙地缠绕着。

前面谈到的儿童各个年龄段只是一种一般意义的大体划分。在现实生活中，一个两岁的幼儿可能比三岁的幼儿还要高大。不要拘泥于这些年龄划分，更重要的是姿势和动态要绘制正确。如果画出了一个站立行走的婴儿，看起来不是很奇怪吗？

在绘制年幼儿童的时候，搭配小道具会是很好的方法。球、泰迪熊、积木等，都可以为表现儿童可爱感起到积极作用。要确保它们与儿童身体之间的比例是正确的。再次强调，在绘制儿童的时候，一定要避免出现任何典型的成年人特质或面部表情。

童装的时装

洗礼仪式裙

工装服

连体服

无袖套领罩衫

圆裙

伊顿套装

雪衫裙

围嘴

儿童服装的细节

贴花

刺绣

伸缩绣缝

水手领

泡泡袖

集褶轭

Dior 1947
彩铅

第 29 章

宽松时装

想象一件华丽的舞会礼服、

浮夸的斗篷或者奢华的长袍。利用超出常规用量的织物面料，Balenciaga 的黑色大衣在苗条纤细的时装人体上塑造出宽松厚重的造型。这类服饰的草图十分难画，需要运用大量的绘画技巧。要绘制这类草图，需要充分地了解人体和服装的关系，不仅仅因为服装本身宽大的体量，还因为服饰也在塑造着自身的形状。繁复细密的剪裁和庞大的面料用量，这一切似乎都远比身体本身更重要。服饰在整体造型中成为了主导，甚至身体的某些部分完全被服装所塑造出来的形状所遮蔽。

通过前文的学习可知，服装可以优先于身体，而宽松型的服饰常常会把这一特质带向极度的繁复和奢华。新娘的礼服就是宽松型服饰的一个典型例子。新娘的身体常常隐藏在层层叠叠的裙衬及裙子下面。新娘的面部也只是隐约地从面纱下面显现出来。礼服的装饰也十分繁复，通常还有一条长长的裙裾拖曳在新娘的身后。

Alexander
McQueen
2002

Balenciaga 1965

427

下面，让我们来研究四种类型的宽松服饰，看看它们的尺寸和其他时装人体尺寸的关系。

首先，观察平面展示素描图，然后把身体放进去，对比身材尺寸。可以看到，身体和周围空间的关系要比身体和服饰的关系更大。也就是说，服饰和身体之间有"空气"。

右图的宽松型服饰是 Norman Norell 在 1958 年为 Traina-Norell 设计的印花绸缎面连衣裙。这条裙子的下摆长为 134 英寸，在腰围处收拢为 25 英寸，下摆的尺寸是腰围的 5 倍多。

Traina-Norell 1958
白色缎面印花丝绸连衣裙 Traina-Norell 1958
Diane Yokes摄影，Mount Mary学院，Milwaukee

3.4米

宽松型服饰的设计让裙子可以作为一个独立的
单位摆动

右图的宽松型服饰是 Bonnie Cashin 于 1976 年设计的带有皮革饰边的灰色法兰绒大衣。整件服饰采用了展开为喇叭形的剪裁，滚边下摆尺寸为 180 英寸，是腰围尺寸的 7 倍。因为生成服饰宽松度的是喇叭形的剪裁而不是碎褶，所以服饰上半身部分绘制得较小，越接近服饰下摆的部分，服饰整体轮廓就越宽松。

Bonnie Cashin 1976
Diane Yokes摄影，Mount Mary学院，Milwaukee

180"

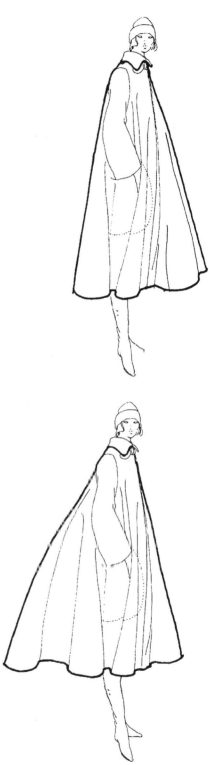

大衣的喇叭形状可以产生不同的动感

右图的宽松服饰是 Sarmi 在 1956 年设计的舞会礼服。礼服的上身部分非常贴身，由带骨架和褶皱的紧身胸衣构成。裙子的下摆尺寸有 540 英寸，是裙子腰围尺寸的 21 倍！层叠的薄纱裙子采用喇叭形剪裁，然后收拢至腰部，形成鲜明的轮廓。这条舞会礼服的款式让人联想起 1947 年 Dior 在他的"New Look"系列中所设计的礼服。

Sarmi 1956

Diane Yokes摄影，Mount Mary学院，Milwaukee

540"

手臂成为使裙子产生动感的关键

右图的宽松型服饰是 Madame Grès 在 1982 年设计的真丝绉绸卡夫坦长衫。长衫的褶皱收边下摆由白色、酒红色、深粉色和紫色四种颜色构成，尺寸只有 55 英寸，差不多是腰围尺寸的两倍。由于长衫分别在两个脚踝处开口，所以服饰的平面展开形状大致为矩形。身体的运动会使服饰的形状产生富有戏剧性效果的变化。

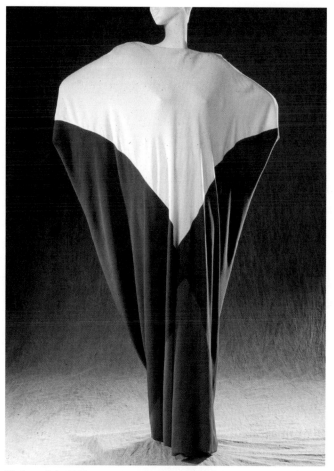

Madame Grés 1982

Ohio州立大学历史服装和纺织品收藏部；摄影：Etter摄影公司

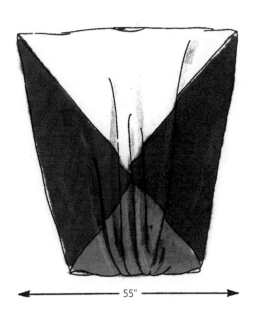

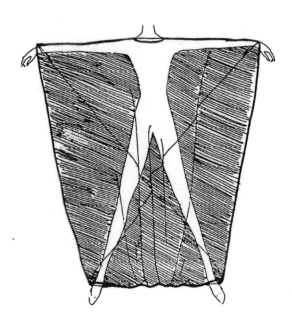

手臂和腿部都能使长衫塑造出不同的形状

请注意接缝线处的褶裥的密集度，并观察褶裥到达下摆时是如何舒展开的，这些都与服饰剪裁的码数密切相关。轮廓和身体的周围空间是至关重要的，因为这些空间将有助于服饰产生华丽的剪裁效果。

需要记住以下几点：第一，绘制服饰草图时，头脑里一定要有身体的概念。服饰离开了身体就丢失了"生命的活力"。身体就是这些宽松款式服饰的"活衣架"。此外，请始终记住手臂和腿部的重要性，因为它们是驾驭服饰的"操纵杆"。

第二，面部表情和头部的倾斜是赋予服装所需"态度"的有效途径。

此外，整体造型的姿势必须夸张，如此才能更有力地体现出服饰的戏剧性效果。

第三，尽量找出表达服饰效果更好的途径。将服饰最宽松部位的服装细节作为绘图中的重点，将会为服饰创造出最丰富和高品质的表现力。

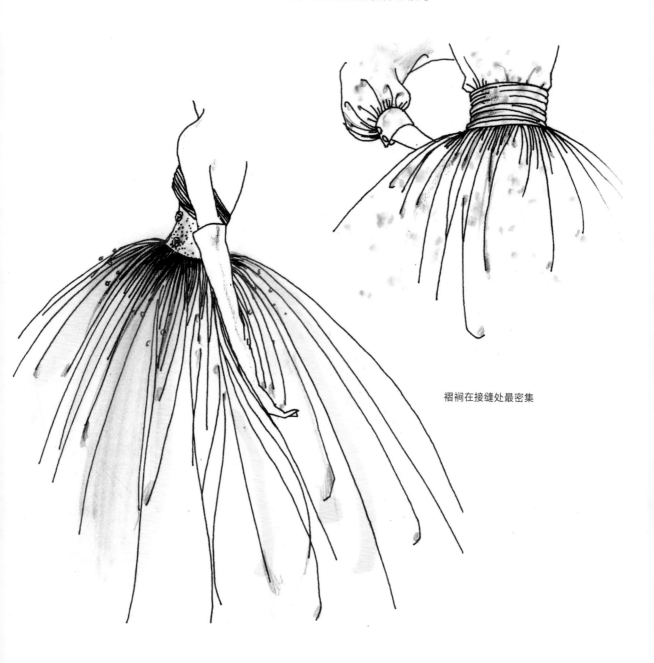

褶裥在接缝处最密集

最后，请记住，宽松型的服饰草图并不容易绘制。在正式绘制之前，必须尝试各种不同的可能性。你需要有随心创造服饰动态的能力，这样既能保持服饰自身的独特造型，又能显露出掩盖在服饰下面的身体美感。不过戏剧性效果的设计永无止境！

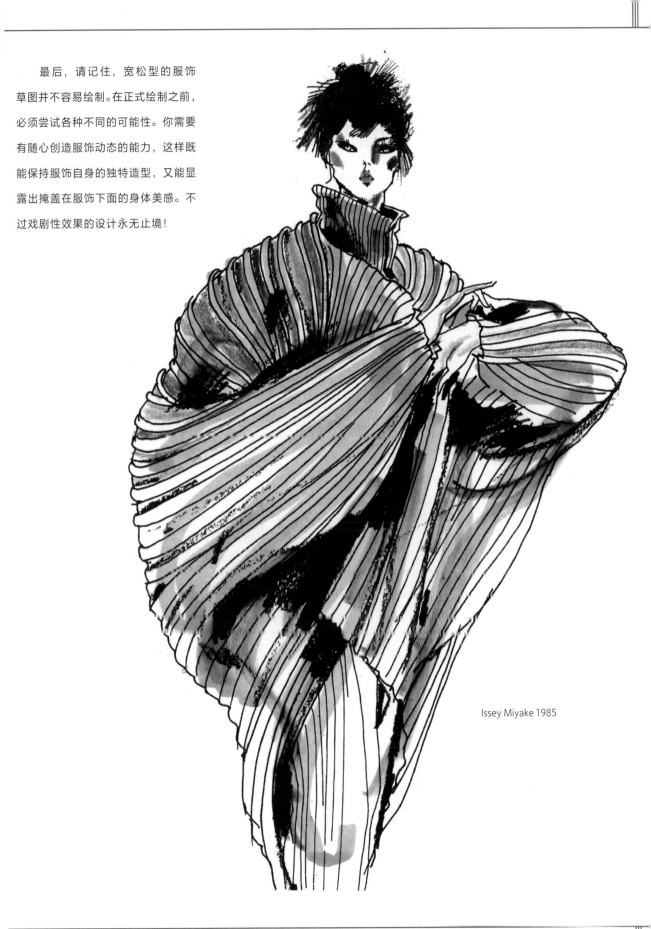

Issey Miyake 1985

Galanos 1988
三福彩铅和马克笔

第 30 章

熟练操控时装人体

在完成了所有相关知识的学习并掌握了基础技巧之后，接下来最重要的事情是开始着手既精准又轻松地绘画。偶尔的灵光一现也许会让你的作品产生出乎意料的效果，但是你应该磨炼自己对于画面的控制能力，每一次绘图都力争按照自己想要的方式来呈现时装人体的效果。画面整体表达的一致性与稳定性应该是我们的基本目标。

到目前为止，你已经学会了很多的原则和创意。当你能够开始把握时装人体并让它和服饰融为一体的时候，时装绘画最有创造性和有趣的部分就会出现了。

接下来，将向你展示如何用四种不同的方式来演绎一件由低腰紧身胸衣和宽松收褶裙两个部分构成的女士礼服。首先，让我们分析一下这件礼服和身体的关系。

关于礼服连衣裙，有两个关键要点，分别是：

* 上半身低腰型修长躯干
* 宽松的裙子与头部、手臂和腿部的对比

在第一张草图中，时装人体被绘制成经典样式。礼服的上半身和下半身大致均等。使用纤细的马克笔和彩铅勾画。选择躯干伸展的姿态，并将其与蓬松的裙子形成的鲜明对比呈现出来。轻轻地勾勒草图，强化想要展现的姿态。

在绘制具有伸展性的躯干时，尽量勾勒出充满张力的线条，从而强化、传递这种舒展的感觉。当绘制服饰的裙子时，线条变得舒缓，尝试呈现出更活泼的服饰品质。当把线条画到腿部时，这种"S"形曲线得到了更加夸张的体现。

人体呈现为"S"形曲线

在第二幅草图中，更加强调画面的对比度和婀娜的体态。用马克笔和美国三福彩铅勾画出轮廓。把裙子轮廓向后推挪，使得身体形成一个夸张的"S"形曲线。有意识地加强了头和脖子的前倾趋势，躯干朝着肩膀的方向向后倾斜，并在臀部位置向前倾斜。

手臂是帮助裙子向后摆动的"操纵杆"。非支撑腿也微微向后倾斜。用黑色的三福彩铅绘制出躯干，自然地把身体和裙子融为一体。再顺着身体的结构画出立在地面的支撑腿，让它隐藏在阴影里，几乎被非支撑腿遮挡住。

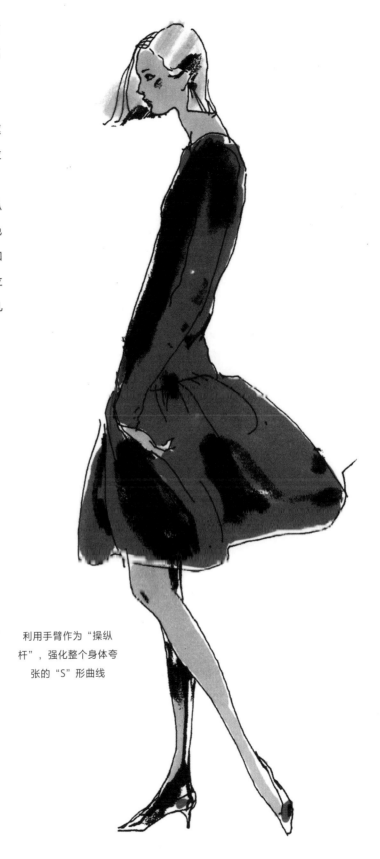

利用手臂作为"操纵杆"，强化整个身体夸张的"S"形曲线

在第三幅草图中，时装人体绘制得更加轮廓分明，造型平面感也更加鲜明。使用颜色更厚重的马克笔来渲染，黑色区域则用更粗一点的马克笔来渲染。与上一幅草图不同，在这幅草图中，人体身前没有画出多少裙子的部分，位于身体前面的手臂使整条裙子向后推移。

用颜色较厚重的马克笔将裙子的上半身部分涂黑，以保持身形的平面造型感觉，而不是柔和的观感。把上身部分的一些深色区域向下延伸到裙子上，并使衣裙向后飘动，以凸显裙摆的动感。同时，腿部起到平衡身体的作用。

选择一种更齐整的前摆发型，从而更加强调了头部的动感。

更有平面造型感的绘制方法

在第四张草图中，仍然选择将身体绘制成"S"形曲线，使用中号马克笔和黑色的彩铅来渲染。时装人体将手伸进口袋，作为将裙子向前推的"操纵杆"。脸部的处理也更加写实，卷曲的头发并未太多地受到轮廓线的约束。

由于手臂向上撑起，裙摆得以向身体中间部分聚拢，非支撑腿向前迈出。用很浅的笔墨绘画深色区域，从处于亮部的手臂开始，将阴影逐渐过渡到裙子的暗部。

通过以上插画案例的讲解，你会发现，在绘画过程中，都是把人体和服饰一起描绘，以便得到最理想的形象。同时，要仔细分辨失真的变形和夸张。失真的变形是指失去了比例的真实意义，而比例却是时装艺术的基础。

另一方面，夸张是将身体与服饰结合在一起，从而达到一种和谐美感的表达方法。这意味着要挑选并将焦点集中于最重要的部分，同时弱化整体当中相对次要的部分。

对于真实的变形与夸张的辨别以及应用，通过大量的练习，只有具备了扎实而精准的关于时装人体、服饰以及服饰中人体的知识时，才能够真正具有分辨这两者的能力。

请记住，只有身体和服饰二者融为一体的时候，才有时装。

利用口袋将裙子向前推

时装风格及其他

很多学生在学习的过程中太过于关注"风格"这个词了。风格不是某种技术，风格也不在于你画什么或者使用什么绘画工具，也不关乎画得紧密还是疏松。

最重要的是，风格在任何情况下都不会是一个诀窍。风格取决于每个人的个性。风格是一个人在整个人生中所获取的一切，是感兴趣的一切；也是学到的一切。风格是整个人的总和。风格不可能一蹴而就，通过所谓的捷径获得的不是真正的风格。

风格不是指"异于他人"的眼光，而是愿意对所有与你的生活、职业相关的事情保持开放的心态，也就是时时刻刻保有的好奇心和开放的思想，以及主动参与的积极性。把自己禁锢在某时、某地，创作的时候只坚持一个既定的公式，是风格和艺术的最大敌人。因为，伟大的艺术创造总是和冒险精神并存。

至关重要的是要诚实和客观地对待你的工作。不断地学习，在工作中保持好奇心和活力，不断地分享你的思想和知识，这些都将会帮助设计师获得新的视野并找到自己独具特色的艺术风格。志向高远，同时坚持脚踏实地，努力的结果终会是成功。

请记住，"取乎其上，得乎其中"。